エンジニア入門シリーズ

ロボットプログラミング ROS2入門

[著]
玉川大学
岡田 浩之

科学情報出版株式会社

はじめに

本書では近年注目されている、ロボット開発の統合的ソフトウェアプラットフォームである「ROS2（Robot Operating System2）」を使って、「ロボットプログラミング」を学ぶことを目的に書かれました。以下のようにロボット開発に興味のある幅広い読者を想定していますが、プログラミングの経験のない初学者でも最初から順番に読み進めることで、誰もがROS2を使ったロボットプログラミングを体験できる構成になっています。

・中学や高校でロボット部に所属し、ロボット競技会に挑戦しようとする生徒
・高専や大学で研究室などに所属し、実際にロボットを動かそうとする学生
・企業で産業用ロボット等を利用する技術者
・ロボットが趣味のサンデープログラマー

本書の最大の特徴はDocker上で動作するROS2環境で学ぶということです。Dockerは仮想環境上にオペレーティングシステム（OS）やアプリケーションの実行環境を構築・運用するためのプラットフォームであり、皆さんが普段使っているコンピュータに影響を与えることなく、異なる実行環境を簡単に試すことが可能です。読者の多くが普段使っているWindowsコンピュータでも本書に従ったDocker環境を使うことで、後は特別なソフトウェアは必要とせず、ROS2のホームページに記載されているサンプルや本書のサポートページからダウンロードしたプログラムを簡単に動かすことができます。ご自身のコンピュータを初期化して新たに別のOSをインストールする必要も無く、ROS2のインストールやプログラムの実行に失敗して大事なデータを消してしまうようなことはありません。

本書ではロボットハードウェアの作成やモータ制御などの実機ロボットに関する話題に触れることはありませんが、本書をひととおり最後まで読み、チュートリアルを試した方は、是非、実機ロボットを動かすことに挑戦して下さい。シミュレータ環境で学んだ知識は実機ロボットにも容易に応用することができます。そのような応用可能性がROSの大きな特徴なのです。

本書の大半は2020年2月から5月のごく短い期間に執筆しました。瞬く間に世界中に広がった新型コロナウィルスが猛威を振るい、著者が暮らす東京でも緊急事態が宣言され人々は外出を制限されています。東京だけでなくイタリア、フランスを始めとするヨーロッパの国々、

世界で一番大きなROSコミュニティがあるアメリカでも同様に厳しい毎日を過ごしている方々が数多くいます。皆さんが本書を手にする頃には状況が改善し、一日でも早くロボットプログラミングを楽しめる時が訪れるのをお祈りしています。

2020年春　著者記す

本書ではROS、ROS1、ROS2と三つの表記を使い分けます。ロボット開発環境としてのROS一般をさす場合はROS、特にバージョンを指定して特定の機能を説明する際にはROS1あるいはROS2のように表記します。

本書ではマイクロソフトが開発・販売するオペレーティングシステム（OS）全般をWindowsOS、それが動作するコンピュータのことをWinodwsコンピュータ。それ以外のOSが動作するコンピュータをLinuxコンピュータ、macOSコンピュータのように表記します。

本書ではMicrosoft® Windows® 10 Operating System（OS）をWindows 10と記載しています。また、特定のバージョンのOSを指す場合はWindows10 Pro 64ビット版のように記載します。

目　　次

1　本書の進め方

2　ROSって何？

3　Dockerによる開発環境の仮想化

4　ROS2動作環境の構築

5　ROS2の仕組み

6　ROS2のコマンドを知る

7　Turtlesimシミュレータで ROS2を学ぶ

8　Pythonで作るROS2プログラム

1

本書の進め方

１－１　演習の進め方

本書はプログラミング入門者やロボットプログラムを作成した経験のない方でも簡単にROS2を体験できることを目的に書かれました。できる限りわかりやすい説明を心掛け、掲載したコマンドやサンプルプログラムをそのまま端末から実行するだけでROS2を学ぶことができます。

本書の演習ではWindowsOSのコマンドプロンプトやLinuxのコマンドラインからDockerやROS2の各種コマンドを実行します。それぞれのコマンドについては本書では深くは触れないのでWindowsOSやLinux、あるいはUnixの入門書や解説サイトで学んでおくことをお勧めします。

本書は実際にお使いのコンピュータでROS2を体験しながら、ROS2の学習を進めていきます。経験者は途中をスキップすることも可能ですが始めは順番に読み進めることをお勧めします。

１－２　演習の準備

１－２－１　動作環境

本書の演習ではHyper-Vをサポートする Windows10 Pro 64ビット版（もしくはWindows10 Enterprise 64ビット版、Windows10 Education 64ビット版）が動作しているWindowsコンピュータにDocker Desktop for Windowsを導入し、その上で動作するLinuxOSであるUbuntu18.04LTSのDockerイメージにROS2の最新バージョン[1]である、ROS2 Eloquent Elusorをインストールした環境を標準とします。それ以外の環境（Linuxコンピュータやmac OSコンピュータにROS2をインストールする）でも本書を読みながら演習を進めることは可能ですが、すべての機能の動作を保証するものではありません。

本書では標準サポート環境以外のコンピュータ環境で演習を試したい読者のために必要に応じて説明を加えます。筆者が試した範囲では、お持ちのコンピュータにUbuntu18.04LTSをインストールして使用した場合はほぼ演習の内容がそのまま動きますが、macOSコンピュータでDocker for Macを使った場合は可視化ツールのRviz2やシミュレータGazeboなどのGUIアプリケーションが動かない場合が多いようです。お使いのOSやDocker、ROS2のバージョンの組み合わせで生じる不都合に関しては可能な範囲でサポートサイトにおいて情報を公開したいと思います。読者の方々も試した環境における動作状況を是非お知らせくださるようお願いします。

１－２－２　必須ソフトウェアのインストール

本書では最新のアップデート情報をサポートサイトでお知らせしています。サポートサイトから最新の情報や開発環境をダウンロードして下さい。

開発環境のダウンロード　https://gitlab.com/it-book/docker-ros2-programming

Dockerイメージのダウンロード

https://hub.docker.com/repository/docker/okdhryk/ros2docker

本書で紹介するツールの公式Webサイトは下記の通りです。

Docker Desktop for Windows　https://hub.docker.com/editions/community/docker-ce-desktop-

[1] 本書の執筆時点2020年6月1日現在において

windows/

X Window サーバ Xming　http://www.straightrunning.com/XmingNotes/

ターミナルマルチプレクサ　tmux　https://github.com/tmux/tmux/wiki

The Gnu nano エディタ　https://www.nano-editor.org/

本書では仮想環境システムであるDockerを使ってROS2の演習を行います。本書の指示 (3-2) に従って、Docker Desktop for Windows をインストールしてください。また、ROS2 の便利なツールのいくつかは GUI ベースのアプリケーションのため、WinodwsOS 上で動作する X-Windows サーバである Xming をインストールして下さい (4-1)。

次に、サポートサイトから開発環境一式をダウンロードして下さい (4-2-1)。サポートサイトは https://gitlab.com/it-book/docker-ros2-programming に用意されています。

本書では説明を簡単にするため開発環境を C:\ に解凍した例で説明します。開発環境をダウンロードしてC:\に解凍すればC:\docker-ros2-programmingというディレクトリが生成されます。

１－２－３　ROS2 の Docker イメージを用意する（ア・イのどちらかを選択）

演習で使用する Docker イメージを用意するには二つの手段があります。

（ア）すぐに演習を始めたい方は Docke Hub に用意した本書専用の Docker イメージをダウンロードして下さい（4-2-4）。予め用意されたイメージをダウンロードすることですぐに演習を始めることができます。

（イ）Docker を学び、読者自らがカスタマイズしたオリジナルの Docker イメージを使って演習を進めたい方は Dockerfile から Docker イメージを作成して下さい (4-2-4)。本書の掲載の手順に従えば、多少の時間は必要ですが読者自身の ROS2 環境を構築でき、応用の可能性が広がります。

1－3　さあ ROS2 の世界へ！

ここまでで本書を読みながら ROS2 を動かす手順を説明しました。実際の操作に関しては次章以降で詳しく述べます。

本書では予め ROS2 に標準で用意されているプログラムを使用します。読書はあらためてプログラムを作成する必要はありませんが、できる限りご自身で打ち込み、実行結果を確認して下さい。ROS2 に限らず、新しいシステムやプログラミング言語を身に着けるには実際にプログラムを打ち込んで実行してみるのが一番の近道です。

2

ROSって何？

２－１　ROSの広がり

ROSはRobot Operating System（ロボットオペレーティングシステム）の名が示すように、ロボット開発のために必要な一連のライブラリとツール群、さらにはユーザと開発者を繋ぐオープンなコミュニティを含む統合的ソフトウェアプラットフォームです。具体的には、ハードウェアの抽象化、デバイスドライバ、各種開発言語用のライブラリ、視覚化ツールをはじめとするデバッガー、メッセージ通信やパッケージ管理、Wikiサイトによる情報提供やQ&Aサイトなどが提供されています。ROSの大きな特徴としてROSコミュニティと呼ばれる大規模なエコシステムが出来上がっていることがあげられます。世界中の膨大な人数の利用者がインターネットを介していつでも、どこでも問題が生じれば対応してくれるシステムが出来上がっているのです。

著者が始めてROSという言葉を聞いたのは2010年頃、ロボカップという国際的なロボット競技会の場でした。図2-1はROSで動いているロボットがテーブルの上の飲み物を掴もうとしている様子です。

それまでのロボカップでは参加チームが自分たちのロボット専用のプログラムを自分たちで開発してデバッグするのが普通だったのですが、強豪チームは一早くROSを導入することで最新の研究成果を直ちに利用し、また視覚化ツールを使って効果的にデバッグを行い競技会で

〔図2-1〕ROSで動いているロボット（ロボカップ世界大会2010シンガポール）

優秀な成績を収めていたのを今でも覚えています。それから10年が経って、今では世界中で10万人近くの人々がROSの公式Webサイトにアクセスしていると言われ、ロボットプログラミングには無くてはならないツールに成長しました。

ROSの特徴を簡単に言えば、トピックと呼ぶ仕組みを使い配信・購読型の非同期通信によりメッセージを交換するフレームワークです。相互に通信するメッセージの名前解決、定義、直列化等の通信は独自仕様として実装されています。開発当初から標準プラットフォームロボットとして双腕型の移動ロボットであるPR2を提供し、開発コミュニティを育てることを意図的に行ったことがROSの爆発的な普及に繋がったと考えられます。ROSは単なるロボットのプログラミング環境を提供する便利なソフトウェアシステムの枠を越え、「ROSコミュニティ」と言われる開発者とユーザが一体となったエコシステムを作っていることが大きな特徴なのです。

2－2　ROS1からROS2へ

様々なロボットにROSが使われるようになり、研究者以外の利用者が増えるといくつかの問題が見えて気ました。そこで、2014年に開発が始まったのが次世代バージョンのROSとも言えるROS2です。ROS2はROSのコンセプトは引き継ぐもののコア部分に仕様変更を加え、下記に挙げるような大幅なバージョンアップを計画しました[2]。

●複数台ロボットを同時に制御

●組込み系のマイコンなど多様なプラットフォームへの対応

●通信品質確保（QoS）やリアルタイム通信の機能を標準でサポート

●研究室レベルから商品レベルへの対応

中でも大きな特徴として、システム全体における通信のボトルネック解消の目的でDDS（Data Distribution Service）という仕組みが新たに採用されました。DDSは従来のROSと同じ配信・購読型の仕組みを継承しつつ、QoSやリアルタイムの通信を保証しています。また、OMGで標準仕様が規定されていることもありドキュメントが豊富で企業ユーザが製品に使用するハードルが低くなっています。DDSを採用したROS2によりROSの時代には問題になっていた低品質なネットワーク環境でもロボットを動かすことが可能になると期待されています。

ROS2は2017年に最初の正式版がリリースされ、徐々に安定したバージョンが提供されるようになってきましたが、まだ不安定でバグも少なからず含まれます。本書ではできる限り最新のバージョンに触れることを目指し、2019年11月にリリースされたROS2 Eloquent Elusorを使います。ROS2は世界中の開発者が日々アップデートをしており１年に複数回のバージョンアップ[3]が実施されることもありますが、今後リリースされる新しいROS2のバージョンに対しても、本書の内容は役に立つでしょう。変更点は随時、本書のサポートサイトでも紹介します。

---

[2] http://design.ros2.org/articles/why_ros2.html

[3] Eloquent Elusorの一つ前のバージョンであるDashing Diadematは2019年の５月のリリースでした

２－３　ROS の学び方

ROS は開発者とユーザの双方が参加するコミュニティの存在が大きな特徴です。読者の方々はここに紹介するような公式サイトやユーザサイト、書籍等から ROS に関する様々な情報を得ることができます。

ROS 一般

［書籍］

西田健、他（著）「実用ロボット開発のための ROS プログラミング」森北出版（2018）

「ROS の仕組み」だけでなく、実践的な利用方法に重点を置いて書かれています。産業用ロボット、自律走行ロボット、サービスロボットなど実用ロボットの開発に役立つ情報を得ることができます。

表允晳、他（著）「ROS ロボットプログラミングバイブル」オーム社（2018）

研究者や技術者を対象とした解説書です。SLAM やナビゲーション、マニピュレーションなどの解説が詳しく述べられています。

Morgan Quigley、他（著）「プログラミング ROS ― Python によるロボットアプリケーション開発」オライリージャパン（2017）

ROS（Robot Operating System）を開発・保守する OSRF（Open Source Robotics Foundation）の共同設立者が書き下ろした大著。ROS に関する情報が網羅的に書かれています。

小倉崇（著）「ROS ではじめるロボットプログラミング―フリーのロボット用「フレームワーク」」工学社（2015）

ROS を学び始めた入門者には必携の書です。やさしいサンプルを基に丁寧に解説が述べられています。

［Web サイト］

ROS 公式サイト　https://www.ros.org/

公式のポータルサイトです。Q&A サイトやブログ、フォーラムなど各種の情報源へのリンクが整備されています。ROS に関する情報を得るには初めにアクセスして下さい。

ROS 公式 WiKi　http://wiki.ros.org/

インストールからチュートリアル、出版物など各種のドキュメントが整備されています。

ROS 日本語 WiKi　http://wiki.ros.org/ja

有志による ROS 公式 Wiki の日本語翻訳サイトであり、日本語で公式の情報を得られる貴重な場です。

ROS GitHub リポジトリ　https://github.com/ros

ROS の公式ソフトウェアリポジトリです。サンプルプログラムや各種のパッケージがダウンロードできます。

ROS2

[書籍]

近藤豊（著）「ROS2 ではじめよう 次世代ロボットプログラミング」技術評論社（2019）

ROS2 について書かれた唯一の書籍です。ROS1 と ROS2 の違いについて紙面を割き、詳しく説明しています。

[Web サイト]

ROS2 公式ドキュメント　https://index.ros.org/doc/ros2/

ROS2 に関する公式ドキュメントサイトです。

ROS2 GitHub リポジトリ　https://github.com/ros2

ROS2 公式サンプル　https://github.com/ros2/demos

ROS2 の公式ソフトウェアリポジトリです。サンプルプログラムや各種のパッケージがダウンロードできます。

Docker

[書籍]

古賀政純（著）「Docker 実践ガイド 第 2 版」インプレス（2019）

技術者だけでなく、IT 基盤の方向性の検討や戦略の立案、意思決定を行うユーザが、導入前の検討を実践できる内容が盛り込まれています。Dockerのインストール方法が詳しく記載されています。

櫻井洋一郎、他（著）「試して学ぶ　Dockerコンテナ開発」マイナビ出版（2019）
　開発環境の構築に関して詳しく述べられています。

阿佐志保（著）「プログラマのためのDocker教科書 第2版 インフラの基礎知識＆コードによる環境構築の自動化」翔泳社（2018）
　基礎的な知識を網羅するとともに、応用事例まで幅広く書かれています。

［Webサイト］
Docker社Webサイト　https://www.docker.com/
　Dockerの開発元の公式サイトです。各種のツールのダウンロードができます。

Docker Hubリポジトリ　https://hub.docker.com/
　ユーザが作成したイメージをアップロードして公開・共有できるサービスです。ここで公開されているイメージは自由にダウンロードして利用できます。

Dockerドキュメント　https://docs.docker.com/
　Dockerに関する公式ドキュメントサイトです。Dockerに関する様々な情報を入手することが可能です。

Dockerドキュメント日本語化プロジェクト　http://docs.docker.jp/index.html
　有志による公式ドキュメントサイトの日本語翻訳サイトです。

ROSで動くロボット
［公式サイトで紹介されているロボット］
https://robots.ros.org/
　ROSで動く多くのロボットが紹介されています。

http://wiki.ros.org/Sensors

ROS で利用できる多くのセンサ類が紹介されています。

http://wiki.ros.org/Motor%20Controller%20Drivers

ROS で利用できる多くのアクチュエータ類が紹介されています。

［市販ロボット］

株式会社アールティ　https://www.rt-net.jp/

Sciurus17 研究用人型双腕ロボット　https://www.rt-net.jp/products/sciurus17

CRANE-X7　アームロボット　https://www.rt-net.jp/products/crane-x7

Raspberry Pi Mouse V3 小型移動ロボット　https://www.rt-net.jp/products/raspimouse3

株式会社ロボティズ　http://jp.robotis.com/

TurtleBot3 シリーズ　http://jp.robotis.com/model/page.php?co_id=prd_turtlebot3

ソフトバンクロボティクス株式会社　https://www.softbankrobotics.com/jp/

Pepper　https://www.softbankrobotics.com/jp/product/home/

Nao　https://www.softbankrobotics.com/jp/product/nao/

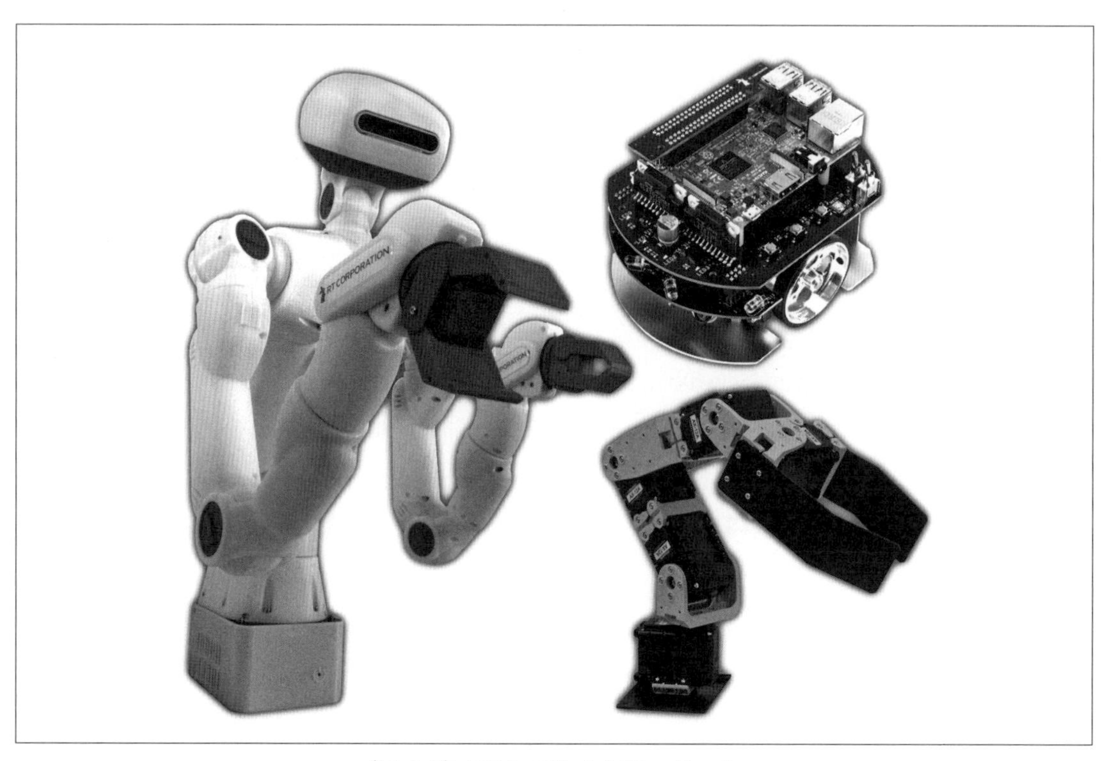

〔図 2-2〕ROS で動く市販ロボット
（左）Sciurus17 人型アームロボット（右）Raspberry Pi Mouse V3
㈱アールティ（https://rt-net.jp）

［コラム1］

ロボカップ＠ホーム

サッカーの世界チャンピオンチームに勝てる、自律型ロボットのチームを作るという夢から始まったロボカップはその後、20年を経て、サッカー以外のロボット分野にも広がってきました。ロボカップ@ホームは人と協働するロボットが、キッチンやリビングルームなどの家庭環境で様々な課題に取り組み、その達成度により勝敗を競う競技会です。

日常生活で人間を支援する自律ロボットによる競技を通じて、人とコミュニケーションしながら、より役に立つ仕事を行う実用的なロボットの実現を目指しています。いずれ日本が世界に先駆けて突入することが確実な少子高齢社会において、家庭環境で人間を支援するロボットは生活向上の重要な手段と考えられています。この競技で優秀な成績をおさめることのできるロボットは、社会のニーズに対する一つの答えとなる可能性もあるという意味で、ロボカップ@ホームは人工知能の重要なテーマの一つを体現していると言えるでしょう。

ロボカップ@ホームはいくつかの共通の課題とそれぞれの チームが独自に設定するオープンタスク競技から構成されます。共通課題はテクニカルコミッティーの主導で協議を重ねた上で毎年、様々な視点で難度の高い課題に変更されます。これは、技術の進歩と課題の難易度を適切に制御するためです。また、ロボカップ＠ホーム競技において勝敗は単純に課題の成功・失敗だけで決まるのではなく、以下に挙げるような様々視点から採点されることになっています。純粋にロボット技術を競うのではなく、現実の家庭で使うという実用性を重視した競技であることがわかります。また、動作の信頼性・確実性もまた評価の対象とするため競技は基本的に一発勝負であり、再試行は減点の対象となります。

- ロボットと人が自然なコミュニケーションをしているか？
- アプリケーション志向か？
- 技術的に新しい事に挑戦しているか？
- セットアップに時間をかけていないか？
- 観客が見ていて楽しいか？
- 実用的な時間で動作しているか？

これらの評価基準を満たしつつ、課題を一発勝負で確実に実行できるロボットは、家庭用ロボットとしては最高峰のレベルにあると言えるでしょう。

ロボカップ@ホームへ参加するには、実機ロボット製作の他、地図作成や経路探索、画像認識、音声対話など多くの機能を実装する必要があり、大変な労力が必要となります。そのためにはROSのようなロボットミドルウェアの利用が有効な手段だと考えられます。ROSの大きな特徴はロボット機能のソフトウェア要素をモジュール化された部品とし、これらの部品を通信を介して組み合わせることによってシステム構築することです。ロボカップ@ホームのように多様なタスクを要求されるロボットシステムには最適なツールだと考えられ、実際にロボカップ世界大会に出場するチームの大多数がROSを使っています。

[参考 Webサイト]

http://robocupathome.org

http://www.robocup.or.jp/robocup-athome/

https://athome.robocup.org

RoboCup@ ホーム競技会におけるロボット

3

Dockerによる開発環境の仮想化

本書ではDockerを利用し、コンテナという単位で開発環境の全て（本書ではUbuntu18.04上で動作するROS2 Eloquent Elusor環境）を仮想化して実行します。Dockerとはコンテナ型の仮想化技術を使い、アプリケーションの実行環境を構築・運用するためのソフトウェアであり、Docker, Inc.（http://www.docker.com/）によって開発されています。

Dockerを使うことで読者のホストコンピュータに影響を与えることなく、開発段階のアプリケーションをインストールして試したり、ご自身が開発したプログラムを実行したりすることが可能になります。さらに、DockerはDocker Hub（https://hub.docker.com/）と呼ばれるリポジトリサイトを中心とした開発者、ユーザを対象としたエコシステムが構築されていて、バグ対応や質問への応答も容易に得られるのも大きな特徴です。

この章では皆さんが普段お使いのWindowsコンピュータにDockerを始めとしてUbuntuOS、ROS2をインストールして本書を使った演習が行える環境を整えます。

3－1　仮想化ということ

一台のコンピュータに１つのOSが起動し、その上で様々なアプリケーションが動作する従来の仕組みに代わって近年「仮想化」という考え方により一台のコンピュータ上で複数のOS（ゲストOSと呼ぶ）を起動する仕組みが話題になっています。

仮想化によってストレージやネットワーク、アプリケーションなどのIT資源を効率良く使うことが可能になり、可用性や拡張性、運用保守性に富んだシステム開発が可能になりました。

ロボットシステムの開発においてもROSのようなオープンソースソフトウェアの利用が一般的になると、その開発速度は凄まじく早く、ソフトウェアの日々のバージョンアップが必須になりました。一方で、複数の開発者の間でバージョンの違いによる誤動作が多発し開発環境の統一が難しいという問題が生じました。

そのような問題を解決するためにシステムを仮想化することで開発環境を統一できたり、開発中の新しいプログラムをいち早く試すことができるようになりました。

本書で利用するDockerも仮想化技術の一つであり、OSやそれに伴うネットワーク環境、CPUやメモリなどのリソース割り当て、ミドルウェアや各種のライブラリ群（本書ではロボットシステム開発用のROSや画像処理ライブラリのOpenCVなど）、さらにはアプリケーションの実行モジュールのすべてをコンテナとして管理します。コンテナとはホストOSに作られた論理的な領域のことでコンテナ管理ソフト（本書ではDocker Desktop for Windows）によってホストOSのリソースを論理的に分割し、複数のコンテナで必要に応じて共有します。

コンテナは他のホストOS型の仮想マシン（VMwareやXen, Hyper-Vなど）に比べオーバヘッドが少なく、少ないリソースで動作し動作速度も比較的高速であることが知られています。最近では、仮想環境の構築ではホストOS型の仮想マシンからコンテナ型に移行されておりDockerを習得することはエンジニアにとって必須の知識となっています。

３－２　Docker Desktop for Windows のインストール

ここでは読者の Windows コンピュータに Docker をインストールする手順を説明します。Docker Desktop for Windows は 64 ビット版の Windows10 の中で、Pro 版、Enterprise 版、Education 版で動作します。本書では下記の環境での動作を確認しています。それ以外の環境をお使いの方は各自の責任で動作の確認を行ってください。

OS：Windows10 Pro 64 ビット版（バージョン 1809）

プロセッサ：Intel® Core ™ i9-9980HK CPU @2.40GHz

実装 RAM：16.0GB

３－２－１　Hyper-V を有効にする

Windows10 向けの Docker クライアントツールである Docker Desktop for Windows では Windows10 以降にサポートされたハイパーバイザーベースの x64 向け仮想化システムの Hyper-V を使います。お使いのコンピュータで Hyper-V が無効となっている場合は次の手順で有効化してください。ここで Hyper-V を有効化すると、Oracle VirtualBox をはじめとして他の仮想化ツールが使えなくなるので注意してください。

スタートメニューを左クリックし Windows システムツールからコントロールパネルを起動します。コントロールパネルの「プログラム」-「Windows の機能の有効化または無効化」を選び、「Hyper-V」のチェックボックスを選択状態にします（図 3-1）。Hyper-V を有効化するためにコンピュータを再起動してください。

３－２－２　ダウンロードとインストール

Docker の公式サイト（https://hub.docker.com/editions/community/docker-ce-desktop-windows/）から「Get Docker」のボタンを押してインストーラをダウンロードします（図 3-2）。

ダウンロードされたインストーラ（Docker Desktop Installer.exe）をダブルクリックすることでインストールが開始されます。インストールの正常終了を知らせる画面（図 3-3）が表示されるので、「Close and restart」ボタンを押してください、コンピュータが再起動し Docker Desktop for Windows のインストールが完了します。

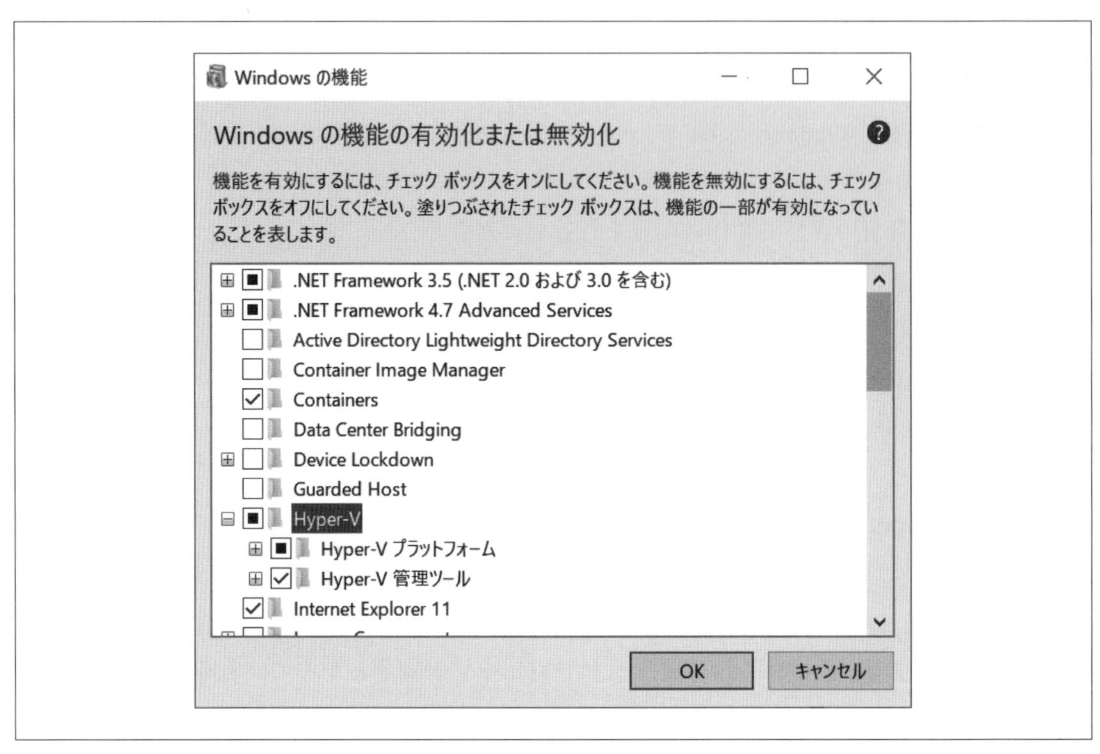

〔図 3-1〕Hyper-V の有効化

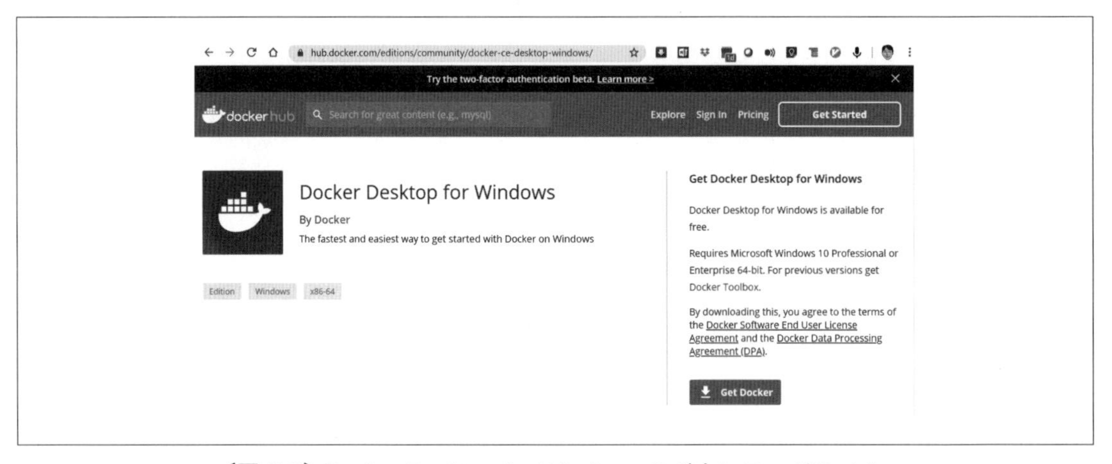

〔図 3-2〕Docker Desktop for Windows のダウンロードサイト

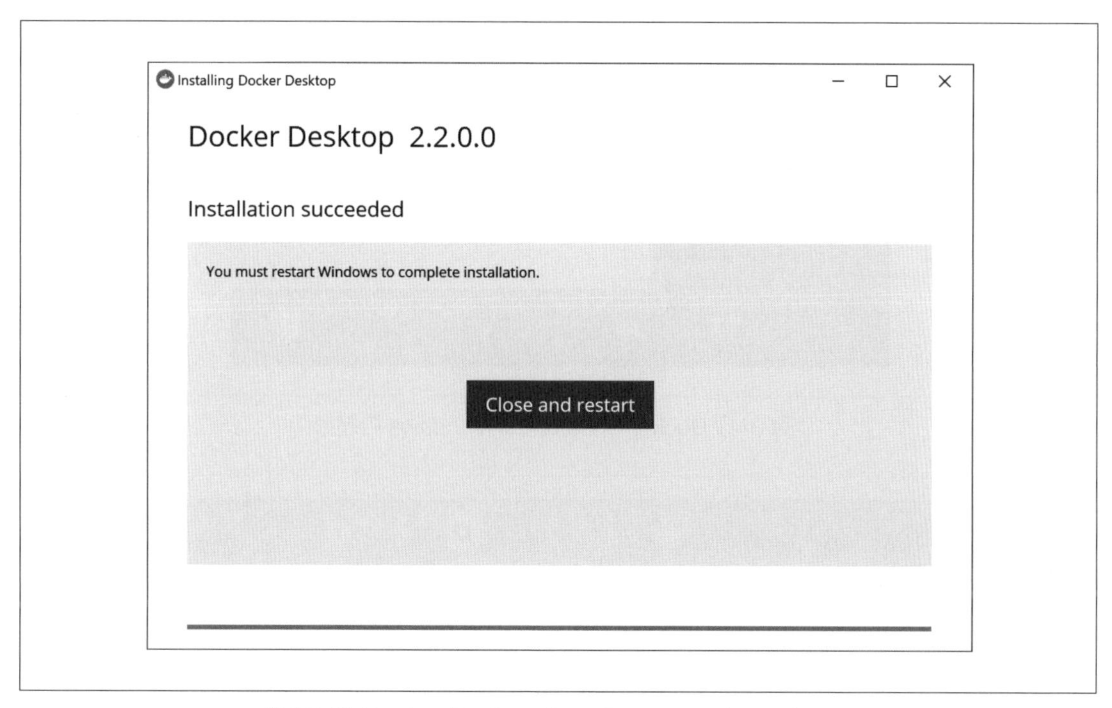

〔図 3-3〕Docker Desktop for Windows のインストール

３－２－３　起動の確認と設定

コンピュータの再起動後、自動的に Docker Desktop for Windows が起動します。もし、タスクバーにクジラのアイコンが表示されていない場合はデスクトップに作成されているはずのショートカットをダブルクリックして Docker Desktop for Windows を起動して下さい。図 3-4 のようにタスクバーから正常に起動された様子が確認できます。

Docker Desktop for Windows が正常に起動したら Docker の設定を確認し、いくつか必要な変更を行います。タスクバーに表示されたクジラのアイコンを右クリックして「Settings」を選んでください。図3-5のような画面が表示されたら、「Resources」から「FILE SHARING」を選び、表示されたホストコンピュータのドライブの中で、Docker 環境で共有したいドライブにチェックを加えます。その後、「Apply & Restart」ボタンを押すと Docker Desktop for Windows が再起動し、設定が反映されます。ファイル共有の手続きは後の章で説明するサポートサイトからダウンロードしたサンプルを実行する際に必要になるので再度説明をします。ここでは、ファ

〔図 3-4〕Docker Desktop for Windows の起動

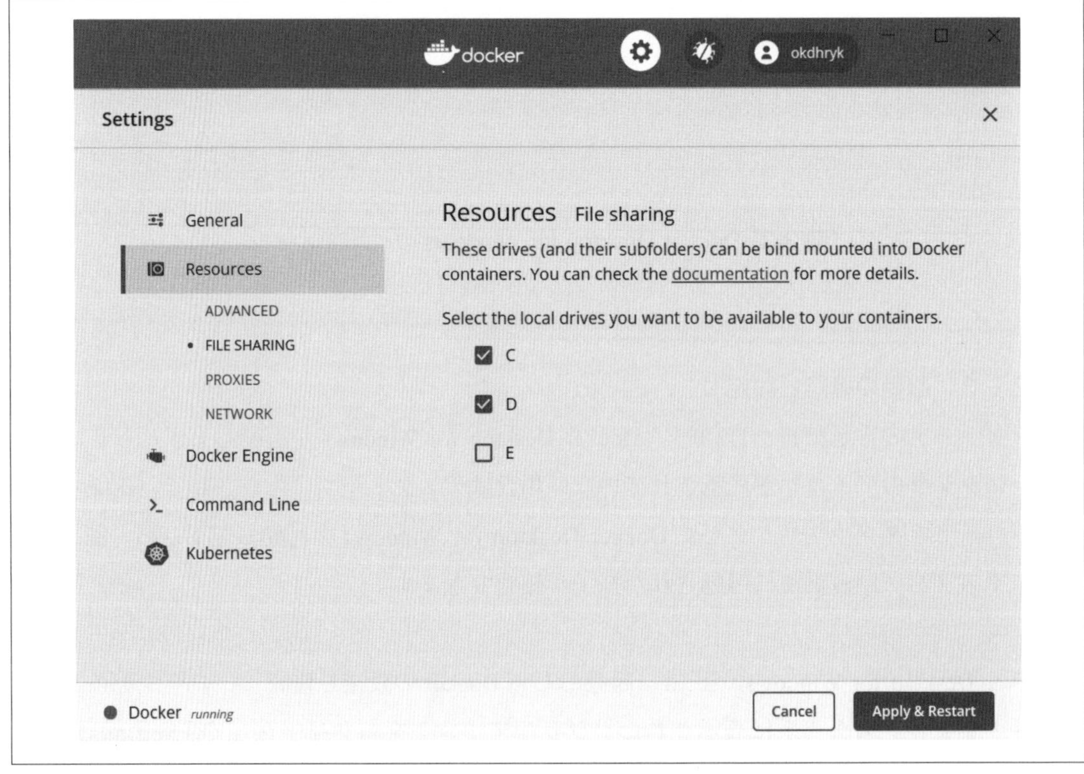

〔図 3-5〕Docker Desktop for Windows の設定

イル共有の方法を知っておいて下さい。

Docker Desktop for Windows の「Settings」ではファイル共有の他、CPU やメモリ資源、スワップ領域の割当て、ネットワークの設定などを行うことができます。始めはデフォルトのままで問題ありませんが必要に応じて変更してください。

３－２－４　Docker を使ってみる

ここではインストールした Docker が正しく動作するか確認します。WindowsOS のコマンドプロンプトから Docker のバージョンを確認するコマンドを入力して下さい。下記のようにバージョンが出力されれば正しく Docker が動作しています。

```
C:¥>docker -v
Docker version 19.03.5, build 633a0ea
```

次に Docker の公式リポジトリである DockerHub に用意されているイメージを使ってみます。

```
C:¥>docker run hello-world
```

このようなコマンドを実行すると。Docker Hub から hello-world という名前のイメージを自動的にダウンロードし、コンテナとして実行し、下記のような表示が出力されるはずです。表示される文字列にエラーの表記がなければ Docker が正常に動作していることが確認できます。

```
Unable to find image 'hello-world:latest' locally
latest: Pulling from library/hello-world
1b930d010525: Pull complete
Digest: sha256:fc6a51919cfeb2e6763f62b6d9e8815acbf7cd2e476ea3537435706107
37b752
Status: Downloaded newer image for hello-world:latest

Hello from Docker!
This message shows that your installation appears to be working correctly.

To generate this message, Docker took the following steps:
 1. The Docker client contacted the Docker daemon.
```

```
 2. The Docker daemon pulled the "hello-world" image from the Docker Hub.(amd64)
 3. The Docker daemon created a new container from that image which runs the
    executable that produces the output you are currently reading.
 4. The Docker daemon streamed that output to the Docker client, which sent it to
    your terminal.

To try something more ambitious, you can run an Ubuntu container with:
$ docker run -it ubuntu bash

Share images, automate workflows, and more with a free Docker ID:
https://hub.docker.com/

For more examples and ideas, visit:
https://docs.docker.com/get-started/
```

３－３　Dockerの仕組みとコマンド

３－３－１　Dockerのライフサイクル

図3-6にDockerのライフサイクルの全体を示します。コンテナのベースになるイメージは公式Docker HubあるいはUSBメモリのような外部記憶装置からご自身のPCにダウンロードします。本書で使うDockerイメージはクラウド上のレジストリ・サービスであるDocker Hubからダウンロードが可能です。また、後述（4-2）するようにDockerfileの情報を基にdocker buildコマンドにより新しいイメージ作成することも可能です。

ダウンロードあるいは作成したイメージをベースにdocker runコマンドでコンテナを起動します。コンテナ上で行った作業（アプリケーションのインストールやファイルの修正）はコンテナが廃棄されると無効になってしまうので適宜、docker commitコマンドでベースとなったイメージをアップデートします

３－３－２　Dockerのコマンド

ここでは本書でROS2を学ぶ際に最低限必要なDockerのコマンドを紹介します。さらにDockerについて深く学びたい方は3-4 Dockerの学び方を参考にして、インターネットや書籍

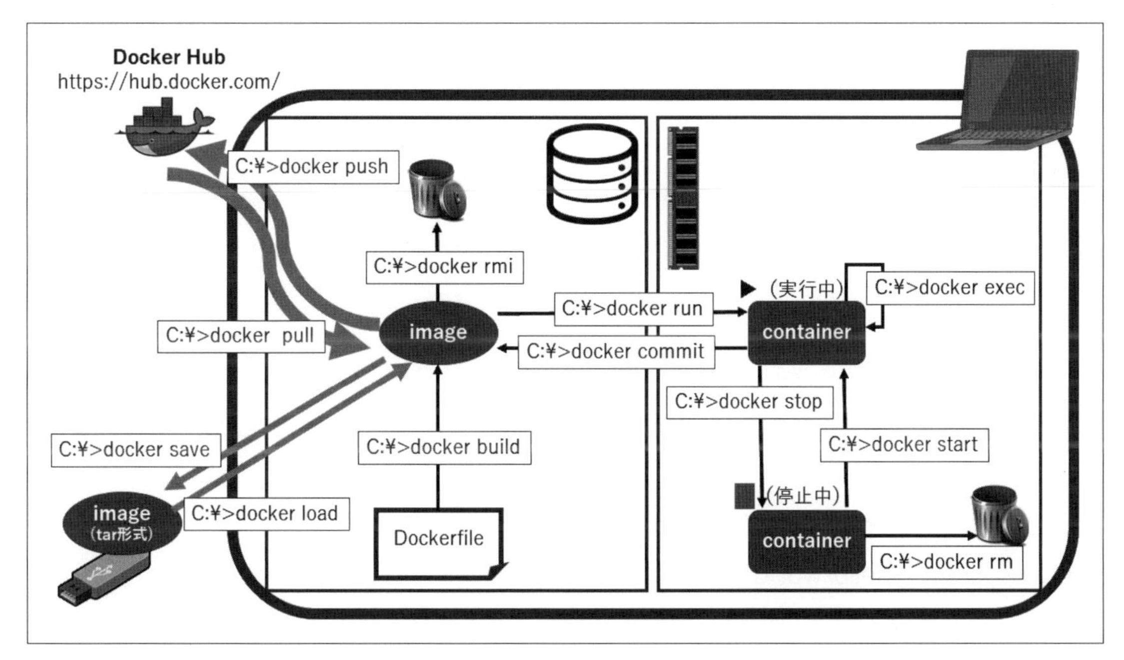

〔図3-6〕Dockerのライフサイクル

から情報を得てください。

３－３－２－１リポジトリの操作

Docker 公式レジストリである Docker Hub 内の docker イメージを検索したり、目的にあったイメージをダウンロードすることができます。

docker search コマンドは指定したキーワードを含むイメージを検索します。

```
C:¥>docker search hello-world
NAME        DESCRIPTION   STARS      OFFICIAL          AUTOMATED
hello-world  Hello World!(an example of minimal Dockeriz…1131              [OK]
kitematic/hello-world-nginx                 A light-weight nginx container that demonstr…
139
tutum/hello-world                         Image to test docker deployments. Has Apache…
68                            [OK]
dockercloud/hello-world                      Hello World!                              18
[OK]
中略
```

docker pull コマンドは特定のイメージをローカルのコンピュータにダウンロードします。

```
C:¥>docker pull hello-world
Using default tag: latest
latest: Pulling from library/hello-world
Digest: sha256:fc6a51919cfeb2e6763f62b6d9e8815acbf7cd2e476ea3537435706107
37b752
Status: Image is up to date for hello-world:latest
docker.io/library/hello-world:latest
```

３－３－２－２　イメージの操作

コマンドプロンプトから docker image と入力すると Docker のイメージ操作に関するコマンドの一覧が表示されます。ここでは、本書で度々使用するコマンドを紹介します。

```
C:¥>docker image
Usage:  docker image COMMAND
Manage images
Commands:
  build     Build an image from a Dockerfile
  history   Show the history of an image
  import    Import the contents from a tarball to create a filesystem image
  inspect   Display detailed information on one or more images
  load      Load an image from a tar archive or STDIN
  ls        List images
  prune     Remove unused images
  pull      Pull an image or a repository from a registry
  push      Push an image or a repository to a registry
  rm        Remove one or more images
  save      Save one or more images to a tar archive (streamed to STDOUT by default)
  tag       Create a tag TARGET_IMAGE that refers to SOURCE_IMAGE
Run 'docker image COMMAND --help' for more information on a command.
```

docker images はローカルに保存されている Docker イメージの一覧を表示します。下記の結果では、3-2-4 で実行した hello-world:latest が保存されているのが確認できます。

```
C:¥>docker images
REPOSITORY    TAG       IMAGE ID        CREATED         SIZE
hello-world   latest    bf756fb1ae65    3 months ago    13.3kB
```

docker image rm は不要になったローカルのイメージを削除します。イメージを削除すると下記のようにリポジトリからイメージが削除されます。

```
C:¥>docker image rm  hello-world
Untagged: hello-world:latest
Untagged: hello world@sha256:fc6a51919cfeb2e6763f62b6d9e8815acbf7cd2e476ea35...
Deleted: sha256:fce289e99eb9bca977dae136fbe2a82b6b7d4c372474c9235a
dc174167…
Deleted: sha256:af0b15c8625bb1938f1d7b17081031f649fd14e6b233688eea
3c548399…

C:¥>docker image ls
REPOSITORY  TAG          IMAGE ID          CREATE         SIZE
```

その他、イメージの操作で重要なコマンドにDockerイメージを作成するdocker image buildコマンドがありますが、詳細は後述する3-2で説明します。

３－３－２－３　コンテナの管理

コマンドプロンプトからdocker containerと入力するとDockerのコンテナ操作に関するコマンドの一覧が表示されます。ここでは、本書で度々使用するコマンドを紹介します。

```
C:¥>docker container
Usage:  docker container COMMAND
Manage containers
Commands:
  attach      Attach local standard input, output, and error streams to a running container
  commit      Create a new image from a container's changes
  cp          Copy files/folders between a container and the local filesystem
  create      Create a new container
  diff        Inspect changes to files or directories on a container's filesystem
  exec        Run a command in a running container
```

```
  export     Export a container's filesystem as a tar archive
  inspect    Display detailed information on one or more containers
  kill       Kill one or more running containers
  logs       Fetch the logs of a container
  ls         List containers
  pause      Pause all processes within one or more containers
  port       List port mappings or a specific mapping for the container
  prune      Remove all stopped containers
  rename     Rename a container
  restart    Restart one or more containers
  rm         Remove one or more containers
  run        Run a command in a new container
  start      Start one or more stopped containers
  stats      Display a live stream of container(s) resource usage statistics
  stop       Stop one or more running containers
  top        Display the running processes of a container
  unpause    Unpause all processes within one or more containers
  update     Update configuration of one or more containers
  wait       Block until one or more containers stop, then print their exit codes
Run 'docker container COMMAND --help' for more information on a command.
```

docker container runは指定されたイメージを基に新たにコンテナを作成し、コンテナ内でプログラムを実行します。下記のように入力するとリポジトリにあるhello-worldからコンテナを作成して実行します。

```
C:¥>docker container run hello-world


Hello from Docker!
This message shows that your installation appears to be working correctly.
  (中略)
```

docker container ls でコンテナの一覧を表示することができます。

```
C:¥>docker container ls -al
CONTAINER ID        IMAGE               COMMAND             CREATED             STATUS
PORTS               NAMES
90b128d24b8b        ubuntu              "/bin/bash"         48 minutes ago      Exited (0)
29 minutes ago                          intelligent_gagarin
b8930e679be5        hello-world         "/hello"            3 minutes ago       Exited (0) 3
minutes ago                             priceless_greider
```

このコマンドで得られるコンテナ ID はコンテナの削除や停止などの他のコマンドで使う大事な情報です。

docker container rm は不要になったコンテナを削除します。コンテナ ID を指定することでコンテナを削除できます。

```
C:¥>docker container ls -al
CONTAINER ID        IMAGE               COMMAND             CREATED             STATUS
PORTS               NAMES
b8930e679be5        hello-world         "/hello"            3 minutes ago       Exited (0) 3
minutes ago                             priceless_greider
C:¥>docker container rm b8930e679be5
b8930e679be5
C:¥>docker container ls -al
CONTAINER ID        IMAGE               COMMAND             CREATED             STATUS
PORTS               NAMES
```

3－3－2－4　Dockerコマンド一連の動作

ここでは、UbuntuOS が動作するイメージを検索、ダウンロードして、コンテナを起動するまでの一連の動作を行ってみます。

イメージの検索

```
C:¥>docker search ubuntu
NAME                                                                DESCRIPTION
STARS           OFFICIAL          AUTOMATED
ubuntu                                    Ubuntu is a Debian-based Linux operating
sys…   10536            [OK]
dorowu/ubuntu-desktop-lxde-vnc                    Docker image to provide HTML5
VNC interface …   395                             [OK]
rastasheep/ubuntu-sshd                        Dockerized SSH service, built on top
of offi…   243                          [OK]
consol/ubuntu-xfce-vnc                         Ubuntu container with "headless"
VNC session…   210                              [OK]
・・・(中略)・・・
```

イメージのダウンロード

```
C:¥>docker pull ubuntu
Using default tag: latest
latest: Pulling from library/ubuntu
Digest: sha256:04d48df82c938587820d7b6006f5071dbbffceb7ca01d2814f81857c63
1d44df
Status: Image is up to date for ubuntu:latest
docker.io/library/ubuntu:latest
```

ダウンロードしたイメージの確認

```
C:¥>docker images
REPOSITORY      TAG        IMAGE ID          CREATED            SIZE
```

```
ubuntu       18.04     72300a873c2c     8 hours ago      64.2MB
ubuntu       lst      72300a873c2c     8 hours ago      64.2MB
hello-world  latest     fce289e99eb9     13 months ago     1.84kB
```

コンテナの実行

```
C:¥>docker run -it ubuntu
root@90b128d24b8b:/#
```

コンテナ内での Ubuntu コマンドの実行

```
root@90b128d24b8b:/# uname -a
Linux 90b128d24b8b 4.19.76-linuxkit #1 SMP Thu Oct 17 19:31:58 UTC 2019
x86_64 x86_64 x86_64 GNU/Linux
```

コンテナ実行の確認

別のコマンドプロンプトで下記のコマンドを実行すると、ubuntu のイメージが実行中であることが確認できます。

```
C:¥>docker container ps -a
CONTAINER ID  IMAGE   COMMAND     CREATED     STATUS     PORTS   NAMES
90b128d24b8b  ubuntu "/bin/bash" 2 minutes ago Up 2 minutes
intelligent_gagarin
449ebad7798f   hello-world   "/hello" 10 minutes ago Exited (0) 10 minutes ago
fervent_einstein
```

このような一連の簡単な手順で手軽に UbuntuOS の環境を実行することができます。これを使えば読者の皆さんは常に最新の UbuntuOS を試すことが可能になります。

３－４　Docker の学び方

ここまで紹介したように Docker はご自身の環境に影響を与えることなく、様々なバージョンの OS や開発段階のアプリケーションを手軽に試行することができます。従来の仮想化技術と比べ高速で動作し、必要とする資源（メモリや記憶容量）も圧倒的に少なくて済みます。本書で扱う ROS2 のような日々アップデートがなされるオープンソースソフトウェアを学ぶには最適なシステムだと思います。

残念ながら本書では ROS2 を学ぶことを重点においているので Docker に関してこれ以上詳しい解説を書く余裕がありません。幸いなことに Docker は開発者とユーザの双方が参加する大規模なエコシステムが構築されているのも大きな特徴です。読者の皆様はここに紹介するような公式サイトから Docker に関する様々な情報を得ることができます。

「Docker 公式サイト」

https://www.docker.com/

Docker に関する最新の情報を掲載する公式サイトです。

「Docker Documentation」

https://docs.docker.com/

Docker に関する様々な情報をまとめた公式ドキュメントサイトです。Docker のダウンロードからインストール方法、コマンドの使い方まですべてが網羅されています。

「Docker Hub」

https://hub.docker.com/

Docker Hub はコンテナの共有サービスサイトで、アプリケーションの作成者は自ら作成した実行環境を Docker イメージとしてアップロードできます。また、一般のユーザは目的のイメージをダウンロードして実行することで迅速なアプリケーションの利用や開発が可能になります。本書で利用している ROS の公式サポート団体である OSRF（Open Source Robotics Foundation）がアップロードした様々な ROS ディストリビューションを含んだイメージや近年注目されている Deep Learning のツールを含むイメージも存在します。

「Docker ドキュメント日本語化プロジェクト」

http://docs.docker.jp/index.html

公式サイトで公開されている Docker ドキュメントの有志による日本語訳です。最新の情報からは少し遅れますが、日本語で Docker に関する情報を読めるので初学者の方はまずこのサイトを読むことをお勧めします。

ROS2動作環境の構築

ここでは、本書を読み進めるのに必要な環境をインストールします。ホストコンピュータ（Windows10）で動作するX Windowサーバのインストールや ROS2 が動作する Docker イメージの作成を行います。また ROS2 プログラム開発を行う際に便利なツールのいくつかを紹介します。

4－1　X Window サーバのインストール

Docker から GUI を使ったアプリケーションを動かすために、ホストコンピュータ（Windows10）に X Window サーバ Xming をインストールします。Xming は Windows OS 上で動作するオープンソースの X Window サーバです。Xming を使うことにより、Docker クライアントで動作している ROS2 の GUI ツール（Rviz2 や Gazebo など）の画面をホストコンピュータに表示することができるようになります（図 4-1 Xming による GUI アプリケーションの表示）。下記の手順に従ってお使いのコンピュータに Xming をインストールしてください。

4－1－1　ダウンロード

公式サイト（http://www.straightrunning.com/XmingNotes/）から Public Domain 版のインストーラをダウンロードしてください。本書を執筆の時点での Xming のバージョンは 6-9-0-31、Xming-fonts のバージョンは 7-7-0-10 でした。ここでは、Xming-6-9-0-31-setup.exe と Xming-fonts-7-7-0-10-setup.exe の二つのファイルをダウンロードします。筆者の環境では Mesa 版の Xming-mesa-6-9-0-31-setup.exe は正常に動作しませんでした、Xming-6-9-0-31-setup.exe を使っ

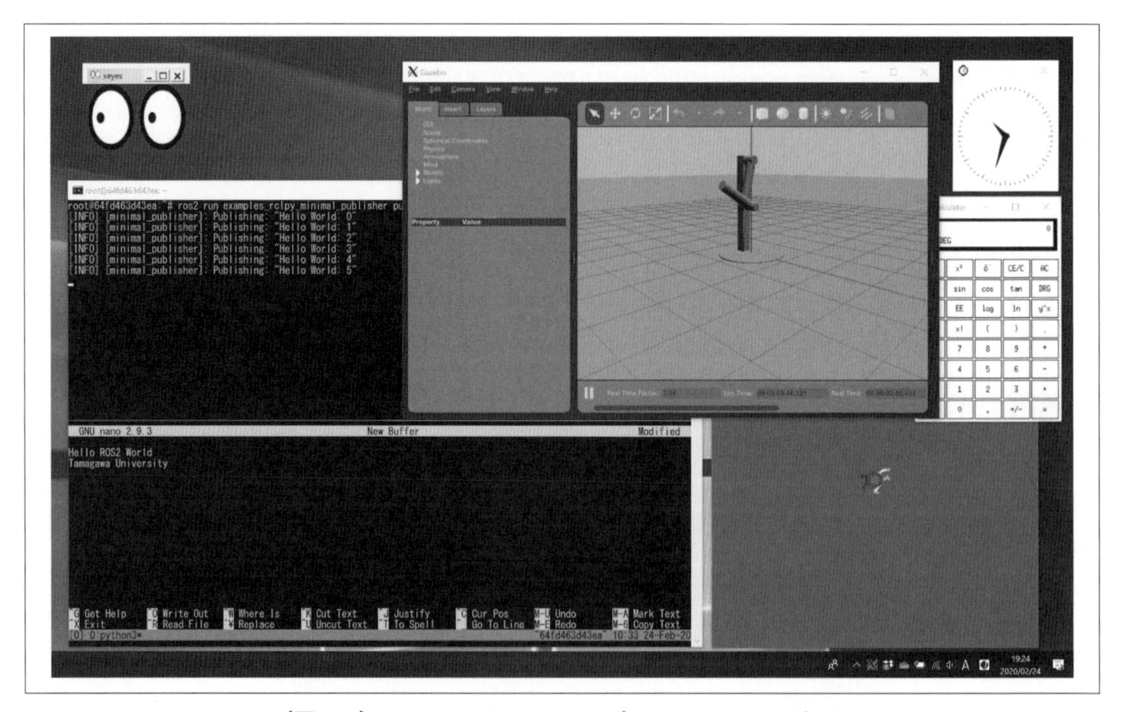

〔図 4-1〕Xming による GUI アプリケーションの表示

てください。

4－1－2　インストール

ダウンロードした二つの実行ファイル（Xming-6-9-0-31-setup.exe と Xming-fonts-7-7-0-10-setup.exe）をそれぞれダブルクリックすることでインストーラが起動してインストールが開始されます。インストール中には特に設定を変更する必要は無く、「Next」ボタンを押して先に進んでいけばインストールが正常に終了するはずです。途中、図 4-3 のような画面が表示されたら「アクセスを許可する」ボタンを押して Xming X Server にお使いのネットワーク上での通信を許可するようにしてください。

4－1－3　Xming の起動

インストールが正常に終了したことを確認したら Xming を起動します。デスクトップに作成されたショートカット（XLaunch）をダブルクリック（図 4-4）し、表示された画面の指示に従って「次へ（N）>」ボタンを押し進めることで Xming が起動します。図 4-5 のようにタスクバーに Xming のアイコンが表示されることで起動が確認できます。

Public Domain Releases	Version	State/Notes	Released	MD5 signature	Size MB
Xming-fonts	7.7.0.10	Public Domain	9 Aug 2016	ed1a0ab53688615bfec88ab399ae5470	31.1
Xming Xming-mesa	6.9.0.31	Public Domain	4 May 2007	4cd12b9bec0ae19b95584650bbaf534a e580debbf6110cfc4d8fcd20beb541c1	2.10 2.50

〔図 4-2〕Xming 公式サイトからのダウンロード

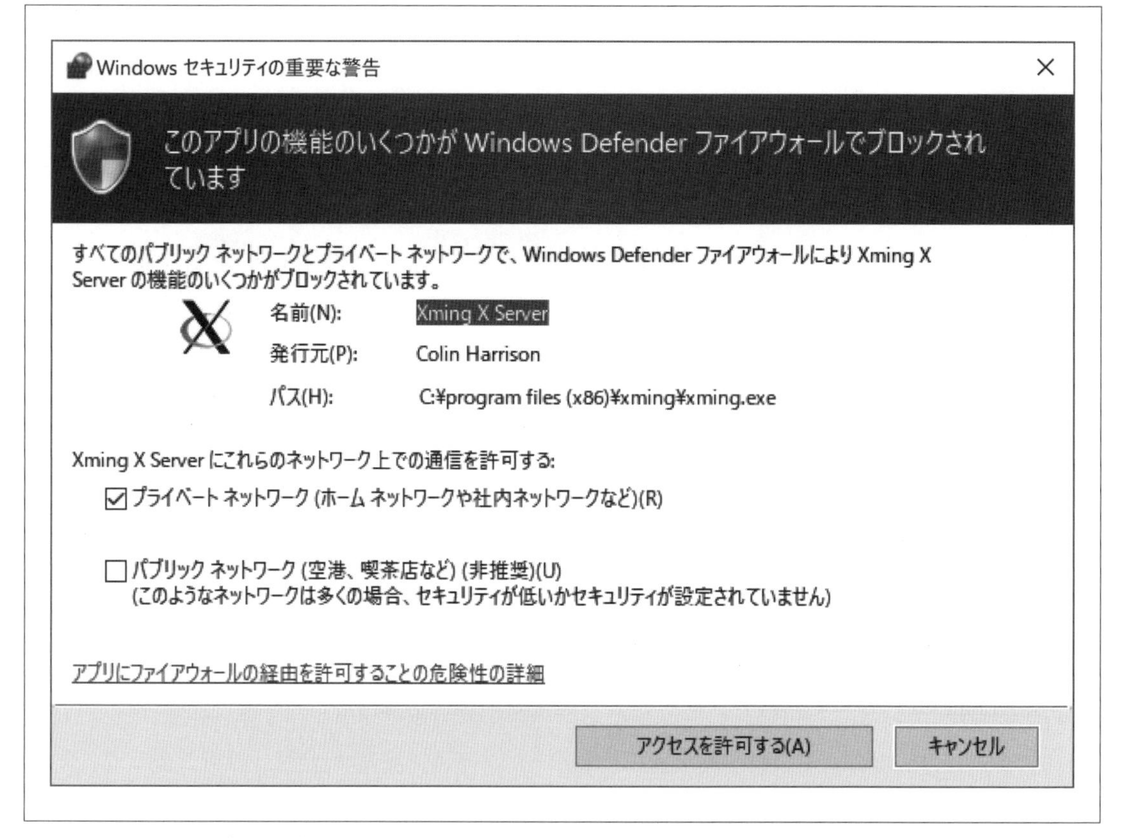

〔図 4-3〕Xming X Server にネットワーク上での通信を許可する

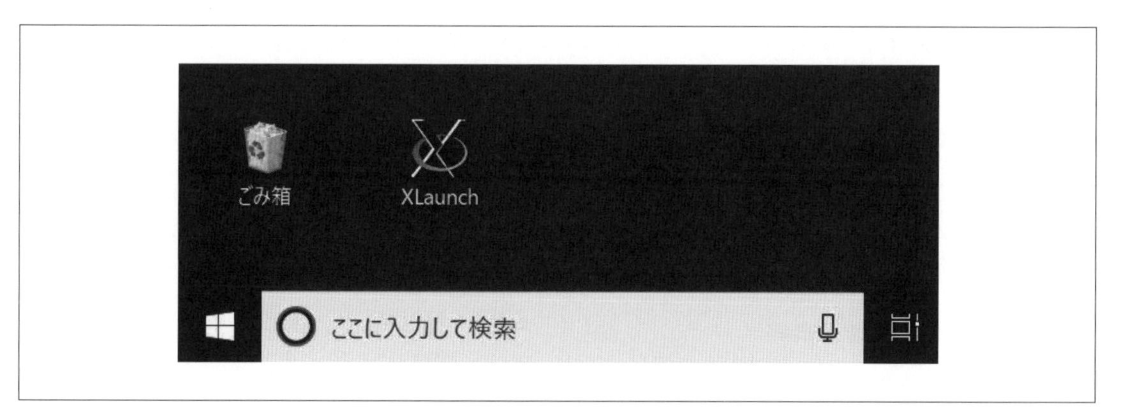

〔図 4-4〕Xming X Server の起動

〔図 4-5〕Xming X Server の確認

4－2　Ubuntu18.04LTS+ROS2 Eloquent Elusor の Docker イメージの作成

ここでは Dockerfile を使って読者自身で ROS2 環境をアレンジして Docker イメージを構築する例を紹介します。本書で学ぶ ROS2 のすべてを含む Docker イメージは Docker Hub からダウンロードすることができます。手間をかけずまずは ROS2 を実行してみたい方はスキップして 4-2-3 に進んで下さい。

4－2－1　作業環境の構築

実際に ROS2 が動作する Docker イメージを作成する前に作業環境を整えます。本書ではサンプルプログラムを含め、すべての設定ファイル、起動用のバッチファイル等を米 GitLab 社が提供している Git リポジトリ管理システムである GitLab 上に公開しています。読者の皆さんは GitLab から作業環境のファイル一式をダウンロードすることで簡単に環境を構築することができます。

https://gitlab.com/it-book/docker-ros2-programming から docker-for-ros2-programming-master.zip をダウンロードして任意のディレクトリに解凍して下さい（図 4-6 を参照）。本書では説明を簡単にするため C:\ に解凍した例で説明します。開発環境をダウンロードして C:\ に解凍すれば C:\docker-ros2-programming というディレクトリが生成されます。

4－2－2　Dockerfile とは

一般公開されている Docker イメージをベースにして、必要なドライバやパッケージ、アプリケーションを自らカスタマイズして新しい Docker イメージを作成することが可能です。その際に様々な設定を記述したファイルを Dockerfile と言います。Dockerfile を使い、自動で Docker イメージを作成することで煩わしいパッケージのインストール作業を自動化することが可能になり、開発環境の構築に必要な時間を大幅に削減したり、開発チーム内で環境が変わってしまうというミスを防ぐことができます。

ソースコード 4.1 は Ubuntu18.04 上に Python3 をインストールして使う Docker イメージを作成するための簡単な Dockerfile の例です。任意のディレクトリにソースコード 4.1 の内容を Dockerfile.py3 というファイル名で作って下さい。4-2-1 で C:\ に開発環境を解凍した読者は、C:\docker-ros2-programming\tutrials にある Dockerfile.py3 を使うことができます。

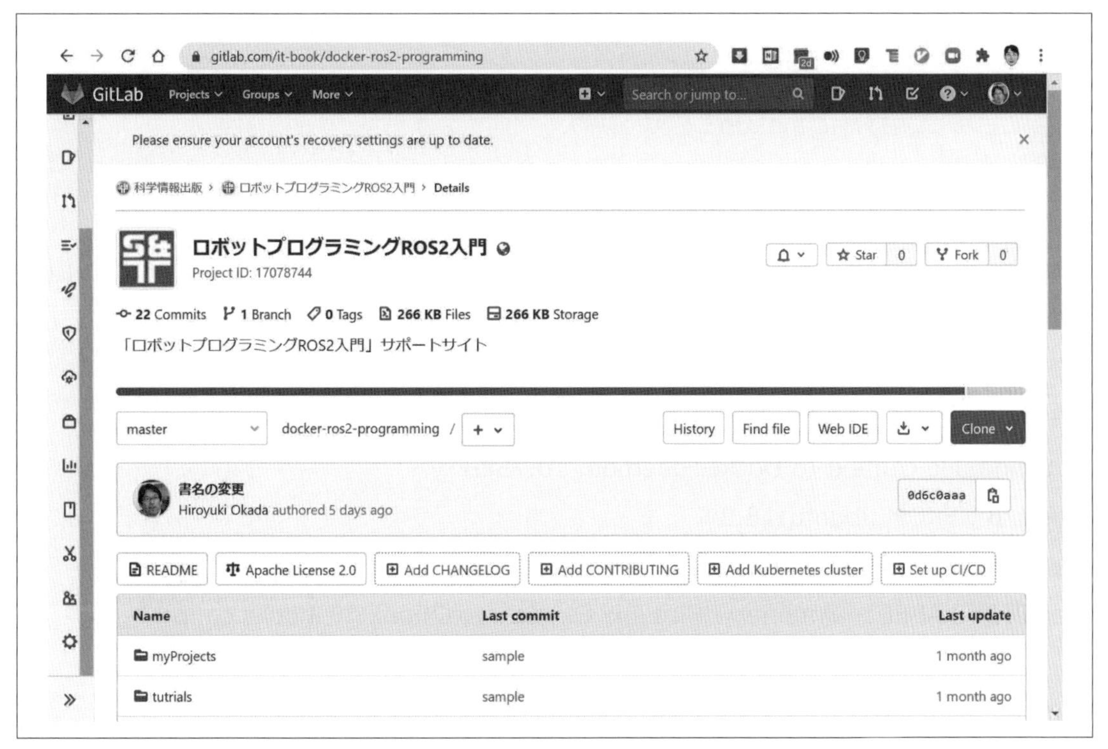

〔図 4-6〕GitLab から開発環境をダウンロードする

ソースコード 4.1［簡単な Dockerfile の例　Dockerfile.py3］

```
 1 # 基本となるイメージ
 2 FROM ubuntu:18.04
 3 # ユーザの情報
 4 LABEL maintainer="Hiroyuki Okada <ros2book@it-books.co.jp>"
 5 ENV TZ JST-9
 6 SHELL ["/bin/bash", "-c"]
 7
 8 # 必要なパッケージのインストール
 9 RUN apt-get update ¥
10 && apt-get install -y python3-pip python3-dev ¥
11 && cd /usr/local/bin ¥
12 && ln -s /usr/bin/python3 python ¥
```

```
13 && pip3 install --upgrade pip
14
15 # コンテナ実行時に python3 を実行する
16 ENTRYPOINT ["python3"]
```

このDockerfile.py3があるディレクトリで下記のコマンド実行することでokdhryk/py3:latestという名前でDockerイメージが生成されます。

```
C:¥ docker build -t okdhryk/py3 -f Dockerfile.py3 .
Sending build context to Docker daemon  10.75kB
Step 1/6 : FROM ubuntu:18.04
 ---> 4e5021d210f6
Step 2/6 : LABEL maintainer="Hiroyuki Okada <ros2book@it-books.co.jp>"
 ---> Using cache
 ---> 400eaa25428c
Step 3/6 : ENV TZ JST-9
 ---> Using cache
 ---> bab6b00e842c
Step 4/6 : SHELL ["/bin/bash", "-c"]
 ---> Using cache
 ---> 345583911a34
Step 5/6 : RUN apt-get update   && apt-get install -y python3-pip python3-dev   && cd /usr/local/bin   && ln -s /usr/bin/python3 python   && pip3 install --upgrade pip
 ---> Running in 0ddf177a2090
Get:1 http://security.ubuntu.com/ubuntu bionic-security InRelease [88.7 kB]
…
…
Step 6/6 : ENTRYPOINT ["python3"]
 ---> Running in 23539b64a0a0
Removing intermediate container 23539b64a0a0
```

```
---> 21eafc775ae5
Successfully built 21eafc775ae5
Successfully tagged okdhryk/py3:latest
SECURITY WARNING: You are building a Docker image from Windows against a non-Windows Docker host. All files and directories added to build context will have '-rwxr-xr-x' permissions. It is recommended to double check and reset permissions for sensitive files and directories.
```

Docker build コマンドが正常に終了し、イメージが作成されたのを確認したら、下記のようにコンテナを生成してみて下さい。Python3 が対話モードで実行され入力待ちの状態になり python のコマンドを実行することができます。

```
C:¥ >docker run -it okdhryk/py3
Python 3.6.9 (default, Nov 7 2019, 10:44:02)
[GCC 8.3.0] on linux
Type "help", "copyright", "credits" or "license" for more information.
>>>2*3
6
>>>
```

Ctrl+d キー（Ctrl キーと d を同時に押す）により、Python3 の対話モードを終了、Docker コンテナからも同時に抜け、Windows のコマンドプロンプトに戻ります。

docker build コマンドは環境によっては非常に時間がかかるので、DockerHub に用意されたイメージを docker pull コマンドでダウンロードして使用することも可能です。

```
C:¥ docker pull okdhryk/py3
Using default tag: latest
latest: Pulling from okdhryk/py3
5bed26d33875: Already exists
```

```
f11b29a9c730: Already exists
930bda195c84: Already exists
78bf9a5ad49e: Already exists
7e8b9084d8a3: Pull complete
Digest: sha256:4bdceeadda1530ee82fbfaa412adde3475bdeec13bf351396caee23f62d7fdab
Status: Downloaded newer image for okdhryk/py3:latest
docker.io/okdhryk/py3:latest
```

この後、前述のような docker run コマンドを実行してみて下さい。

4－2－3　Docker Hub から ROS 2イメージをダウンロードする

Docker Hub から本書の内容がすべて動作する Docker イメージをダウンロードすることが可能です。面倒な手順を省略してすぐに ROS2 を動かしてみたい方は本節の指示に従って Docker イメージをダウンロードしてください。Dockerfile を使って Docker コマンドによりイメージを作成する読者はスキップして次節に進んでください。

```
C:¥docker-ros2-programming>docker pull okdhryk/ros2docker
Using default tag: latest
latest: Pulling from okdhryk/ros2docker
Digest: sha256:5c00b7ecaa0bb9703165dbc960271a71a423916659720f5d3b21079d8674f13b
Status: Image is up to date for okdhryk/ros2docker:latest
docker.io/okdhryk/ros2docker:latest
```

docker images でイメージがダウンロードされているか確認して下さい。okdhryk/ros2docker :latest が一覧に表示されれば準備は完了です。

```
C:¥docker-ros2-programming>docker images
REPOSITORY          TAG       IMAGE ID       CREATED           SIZE
okdhryk/py3         latest    f79a1bc4f657   32 minutes ago    486MB
okdhryk/ros2docker  latest    45c66fe42a90   2  days ago       3.94GB
```

```
ubuntu                 18.04      4e5021d210f6      3 weeks ago        64.2MB
```

４－２－４　Dockerfile の作成

ソースコード 4.2 は本書で使用する ROS2 が動作する Docker イメージを生成するための Dockerfile です。Ubuntu18.04LTS の最新イメージを基本に ROS2 Eloquent Elusor をインストールします。さらに、ROS2 プログラムの開発用のワークディレクトリを設定し、ROS2 公式サンプルをインストールします。4-2-1 で C:\ に開発環境を解凍した読者は、C:\docker-ros2-programming\Dockerfile を使うことができます。

ソースコード 4.2 [ROS2 イメージを作成するための Dockerfile Dockerfile]

```
1 #  基本となるイメージ
2 FROM ubuntu:18.04
3 # Dockerfile を作成したユーザの情報
4 LABEL maintainer="Hiroyuki Okada <hiroyuki.okada@okadanet.org>"
5 ENV TZ JST-9
6 # インストール時のインタラクティブな設定をスキップする
7 ENV DEBIAN_FRONTEND=noninteractive

8 # インストールに必要なパッケージのインストール
9 RUN apt-get update -q  && ¥
        apt-get upgrade -yq && ¥
        apt-get install -yq bash-completion build-essential curl gnupg2 lsb-release
        locales git tmux wget nano gedit x11-apps eog && ¥
        rm -rf /var/lib/apt/lists/*

10 # ROS2 Eloquent と演習に必要なパッケージのインストール
11 RUN curl -Ls https://raw.githubusercontent.com/ros/rosdistro/master/ros.asc | ¥
12 apt-key add -
13 RUN sh -c 'echo "deb http://packages.ros.org/ros2/ubuntu $(¥
14 lsb_release -cs) main" > /etc/apt/sources.list.d/ros2-latest.list'
```

```
15 RUN apt-get update -q
16 # ROS2 Eloquent のインストール
17 RUN apt-get install -yq  ros-eloquent-desktop
18 # ROS2　ツールのインストール
19 RUN apt-get install -yq  python3-argcomplete python3-colcon-common-
   extensions python3-vcstool
20 # Turtlesim のインストール
21 RUN apt-get install -yq ros-eloquent-turtlesim ros-eloquent-gazebo-ros-*
22 # Turtlebot3 のインストール
23 ## Cartographer の依存パッケージ
24 RUN apt-get install -yq google-mock libceres-dev liblua5.3-dev libboost-dev
   libboost-iostreams-dev libprotobuf-dev protobuf-compiler libcairo2-dev libpcl-dev
   python3-sphinx
25 ## Cartographer のインストール
26 RUN apt-get install -yq ros-eloquent-cartographer ros-eloquent-cartographer-ros
   ros-eloquent-navigation2 ros-eloquent-nav2-bringup

27 # ワークディレクトリの設定
28 WORKDIR /root
29 SHELL ["/bin/bash", "-c"]
30 RUN echo "source /opt/ros/eloquent/setup.bash" >> ~/.bashrc &&¥
   : "commnet"
31 RUN source /opt/ros/eloquent/setup.bash
32 RUN mkdir -p ~/ros2_ws/src

33 # 公式 ROS2 サンプルのダウンロード
34 RUN cd ~/ros2_ws/src &&¥
git clone -b eloquent https://github.com/ros2/examples ros2_examples

35 # Turtlebot3 開発環境のダウンロード
```

```
36 RUN cd ~/ros2_ws &&¥
    wget
https://raw.githubusercontent.com/ROBOTIS-GIT/turtlebot3/ros2/turtlebot3.repos
&& vcs import src < turtlebot3.repos

37 RUN set -x
38 RUN echo "export ROS_DOMAIN_ID=30 #TURTLEBOT3" >> ~/.bashrc &&¥
    : "commnet"
39 RUN echo "export GAZEBO_MODEL_PATH=$GAZEBO_MODEL_PATH:~/ros2_ws/
   src/turtlebot3/turtlebot3_simulations/turtlebot3_gazebo/models" >> ~/.bashrc
   &&¥
    : "commnet"
40 RUN echo "export TURTLEBOT3_MODEL=waffle" >> ~/.bashrc &&¥
    : "commnet"

41 # 付属サンプルのをイメージにリンクする
42 ADD ./tutrials/ ./ros2_ws/src/

43 # ホストPCのディレクトリをワークスペースにシンボリックリンクする
44 # Dockerコンテナが終了しても変更内容が保存される
45 RUN cd ~/ros2_ws/src &&¥
    ln -s ~/myProjects .

46 # ROS2 ワークスペースのビルド
47 RUN set -x
48 RUN cd ~/ros2_ws &&¥
    source /opt/ros/eloquent/setup.bash &&¥
    MAKEFLAGS="-j1 -l1" colcon build --symlink-install --executor sequential
49 RUN echo "source ~/ros2_ws/install/setup.bash" >> ~/.bashrc &&¥
    : "commnet"
```

```
50 RUN echo "source ~/ros2_ws/install/local_setup.bash" >> ~/.bashrc &&¥
    : "commnet"
```

4－2－5　ビルドして Docker イメージを作成する

Dockerfile を使い docker build コマンドでイメージを作成します。C:\docker-ros2-programming に移動し、カレントディレクトリに Dockerfile が存在するのを確認したら、コマンドプロンプトから下記のように docker build コマンドを入力するか、あらかじめ用意されたイメージ作成用のバッチファイルを実行してください。

```
C:¥docker-ros2-programming>docker build --tag okdhryk/ros2docker .
```

ここで、okdhryk/ros2docker は任意のタグ名を与えることが可能です。

あるいはビルド用のバッチファイルを実行して下さい。

```
C:¥docker-ros2-programming>build-image.bat
```

Docker イメージの作成にはしばらくかかるので気長にお待ちください。PC のスペックやネットワーク環境に左右されますが、筆者の環境では 30 分ほどで終了しました。途中、ネットワークの負荷の関係でエラーで止まる場合もあります。その場合は再度同じコマンドを実行すればエラーの個所から処理が進みます。下記のようなメッセージが最後に表示されれば正常にイメージが作成されています。

```
C:¥docker-ros2-programming>build-image.bat
Sending build context to Docker daemon  93.18kB
Step 1/23 : FROM ubuntu:18.04
 ---> 4e5021d210f6
Step 2/23 : LABEL maintainer="Hiroyuki Okada <ros2book@it-books.co.jp>"
 ---> Using cache
 ---> 400eaa25428c
Step 3/23 : ENV TZ JST-9
```

```
 ---> Using cache
 ---> bab6b00e842c
…
…
Starting >>> examples_rclpy_minimal_subscriber
Finished <<< examples_rclpy_minimal_subscriber [0.49s]

Summary: 15 packages finished [51.9s]
Removing intermediate container 15b145dcdc36
 ---> b540a8510b7a
Step 23/24 : RUN echo "source ~/ros2_ws/install/setup.bash" >> ~/.bashrc &&   :
"commnet"
 ---> Running in d82f43529010
Removing intermediate container d82f43529010
 ---> c6606078a381
Step 24/24 : RUN echo "source ~/ros2_ws/install/local_setup.bash" >> ~/.bashrc
&&   : "commnet"
 ---> Running in 0695e4fc28fe
Removing intermediate container 0695e4fc28fe
 ---> 0d6542fdad11
Successfully built 0d6542fdad11
Successfully tagged okdhryk/ros2docker
SECURITY WARNING: You are building a Docker image from Windows against a non-
Windows Docker host. All files and directories added to build context will have '-rwxr-
xr-x' permissions. It is recommended to double check and reset permissions for
sensitive files and directories.
```

４－２－６　コンテナ起動の確認

docker images コマンドで確認すると、下記のように okdhryk/ros2docker というイメージが作成されているのがわかります。

```
C:¥docker-ros2-programming>docker images
REPOSITORY           TAG      IMAGE ID       CREATED          SIZE
okdhryk/py3          latest   f79a1bc4f657   32 minutes ago   486MB
okdhryk/ros2docker   latest   45c66fe42a90   2 days ago       3.94GB
ubuntu               18.04    4e5021d210f6   3 weeks ago      64.2MB
```

次に作成したイメージからコンテナを起動します。下記のように docker run コマンドを実行するか、あらかじめ用意されたコンテナ実行用のバッチファイルを実行してください。ここで、4-1 でインストールした Xming を予め起動するのを忘れないで下さい。

```
C:¥docker-ros2-programming> docker run -it -e DISPLAY="host.docker.internal:0.0"
--rm  -v %CD%/myProjects:/root/myProjects -w /root okdhryk/ros2docker
```

あるいはコンテナ実行用のバッチファイルを実行して下さい。下記のようなプロンプトが表示されればコンテナが正常に起動しています。

```
C:¥docker-ros2-programming>run-container.bat
root@a4aff3dc5cc3:~#
```

pwd や ls といった Ubuntu のコマンドが動作するのを確認してください。

```
root@a4aff3dc5cc3:~# pwd
/root
root@a4aff3dc5cc3:~# ls
myProjects  ros2_ws
root@a4aff3dc5cc3:~#
```

最後に、図 4-7 のように GUI アプリケーションの xeyes を起動してクライアント PC のウィンドウに表示されれば作成した Docker イメージの確認は終了です。

```
root@a4aff3dc5cc3:~# xeyes
```

〔図 4-7〕xeyes の起動

4－3　ターミナル分割ソフトウェア tmux

ROS2 を使ったロボットプログラミングでは、複数のターミナルから同時に ROS2 のコマンドを実行したり、システムの状態を確かめたりします。このような時に便利なのがターミナルマルチプレクサといわれ、一つのターミナルを複数のウィンドウに分割できるソフトウェアです。UbuntuOS で使われるターミナルマルチプレクサには terminator や tmux などがありますが、ここでは tmux の簡単な使い方を紹介します。

4－3－1　tmux のインストール

本書の指示に従い作成した Docker イメージには予め tmux がインストールされているのでインストール作業は必要ありません。Docker イメージを使わない読者は、次のように UbuntuOS のコマンドラインから入力することで tmux がインストールされます。

```
$ sudo apt-get install tmux
```

4－3－2　tmux の起動

Docker イメージを起動し、コマンドラインから下記にように入力すると tmux が起動します。

```
C:¥docker-ros2-programming>run-container.bat
root@a4aff3dc5cc3:~# tmux
```

初期画面は図 4-8 の通りで status line と呼ぶ最下部の行が緑色になれば正常に動作していることになります。status line には左から順番にセッション名、ウィンドウのインデクス、名前、フラグ、ウィンドウのタイトルおよび現在時刻が表示されます。

4－3－3　tmux の基本操作

tmux ではセッション＞ウィンドウ＞ペインの三階層で端末を管理します。セッションは 1 つ以上のウィンドウを管理している端末全体であり、セッション上に複数のウィンドウを開くことができます。さらに、各ウィンドウは縦あるいは横に分割することができ、それぞれをペインと呼びます。図 4-9 は上下にウィンドウをペインに分割した後、下のペインをさらに左右に分割した例です。一つのウィンドウが 3 つのペインに分割されているのがわかります。

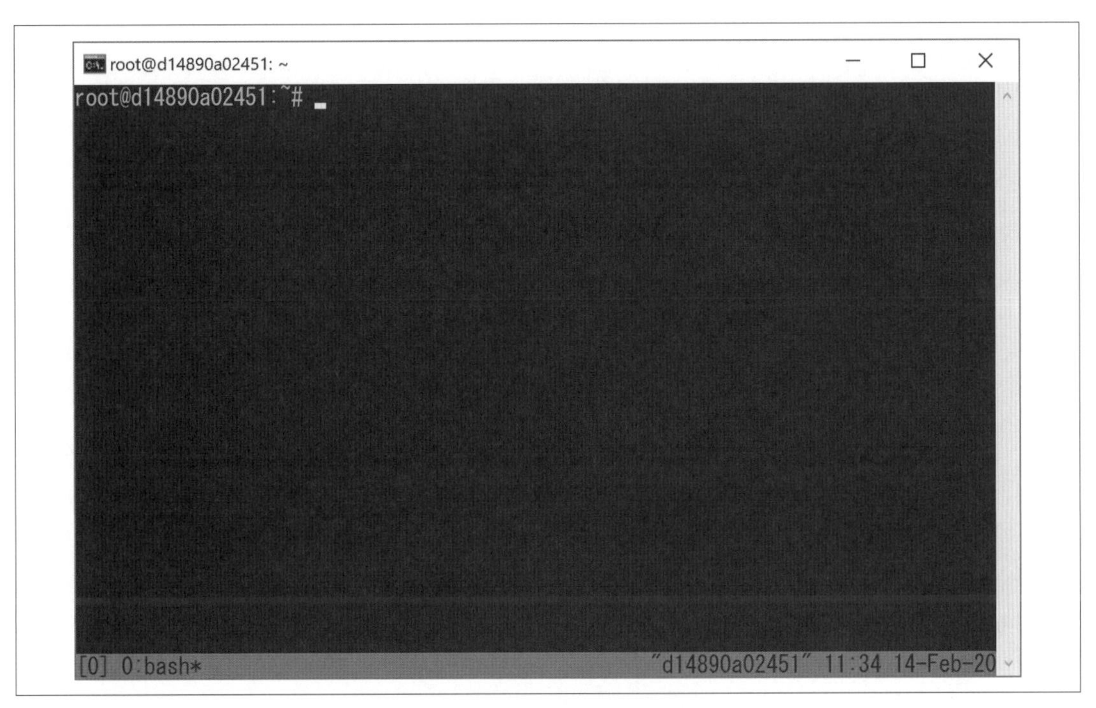

〔図 4-8〕tmux の初期画面

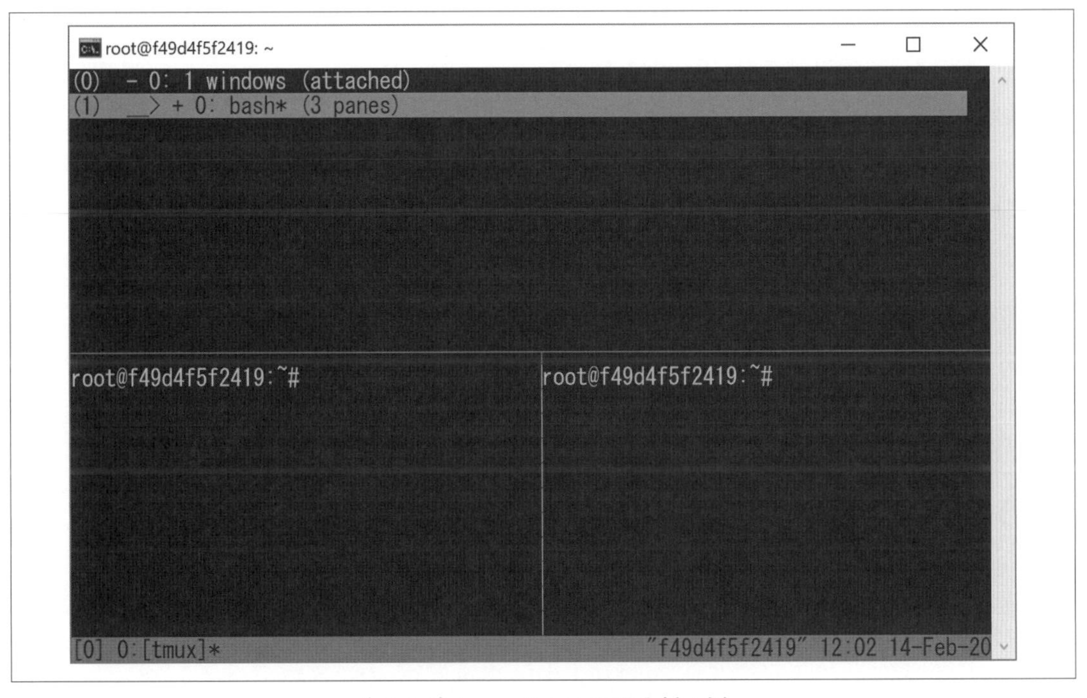

〔図 4-9〕tmux による画面分割の例

(Ctr-b w コマンドで確認できます。)

以下には tmux の基本的なコマンドを示します。tmux は Ctrl-b に続いてキーを押すことで操作します。ここでは、Ctrl-b + a と書いた時は、Ctrl-b に続いてキーボードの a を押すことを意味します。コマンドの詳細は tmux の公式サイト(https://github.com/tmux/tmux/wiki)をご覧ください。

ペインの操作

Ctrl-b + %	左右にペインを分割する
Ctrl-b + "	上下にペインを分割する
Ctrl-b + 矢印	ペインを移動する
Ctrl-b + Ctrl- 矢印	ペインのサイズを変更する
Ctrl-b + x	ペインを削除する

ウィンドウの操作

Ctrl-b + c	新しいウィンドウを作成する
Ctrl-b + w	ウィンドウの一覧を表示する
Ctrl-b + n	次のウィンドウへ移動する
Ctrl-b + p	前のウィンドウへ移動する
Ctrl-b + &	ウィンドウを削除する

セッションの操作

tmux	新規セッションを作成する
tmux new -s	(セッション名)
Ctrl-b + s	セッションの一覧を表示する
tmux kill-session	セッションを削除する

４－４　テキストエディタ nano

本書では Docker Desktop for Windows 上で動作する Ubuntu18.04LTE にインストールされた ROS2 を標準の環境として演習を進めます。従って、Windows ユーザの方にも最低限の Ubuntu コマンドを使うことが必要とされ、初めは苦労すると思います。中でもテキストエディタは WindowsOS で馴染みの深いソフトが Ubuntu ではサポートされていないことが多く戸惑う読者も多いと思います。ここでは、コンソールユーザインタフェース (console user interface, CUI) で少ないメモリでも快適に動くテキストエディタ nano を紹介します。nano はコントロールキーを押しながら他のキーを入力するような特殊なキー操作ではなく、カーソルキーでカーソル移動したり、画面の下部に主要なキー割り当てが表示されているため、誰でもが直感的な操作が可能です。

４－４－１　nano のインストール

```
$ sudo apt-get install nano
```

前項で紹介したターミナル分割ソフトウェア tmux と同様に、Docker イメージには予め nano がインストールされています。Docker イメージを使わない読者は、次のように UbuntuOS のコマンドラインから入力することで nano がインストールされます。

４－４－２　nano の起動

コマンドラインから下記にように入力すると nano が起動します。

```
root@a4aff3dc5cc3:~# nano
```

初期画面は図 4-10 の通りです。ここでは、前項の tmux で端末を２つのペインに分割し、一方のペイン上で test.cfg というファイル名を与えて nano を起動した例です。

４－４－３　nano の基本操作

ここでは nano の基本的なコマンドを示します。nano ではほとんどのコマンドがコントロールキーと同時に他のキーを押すことで操作します。ここでは、Ctrl-a と書いた時は、コントロールキーとキーボードのaを同時に押すこととします。コマンドの詳細はnanoの公式サイト（https://www.nano-editor.org/）をご覧ください。

ファイルの保存と終了

Ctrl-o　ファイルを保存する

Ctrl-x　nanoを終了する。バッファーが変更されてる場合はファイルの保存を確認する。

カーソルの移動

矢印キー　一文字移動する

Ctrl + 矢印キー　単語単位で移動する

Ctrl + A　行頭に移動する

Ctrl + E　行末に移動する

Ctrl + Y　次ページに移動する

Ctrl + N　前ページに移動する

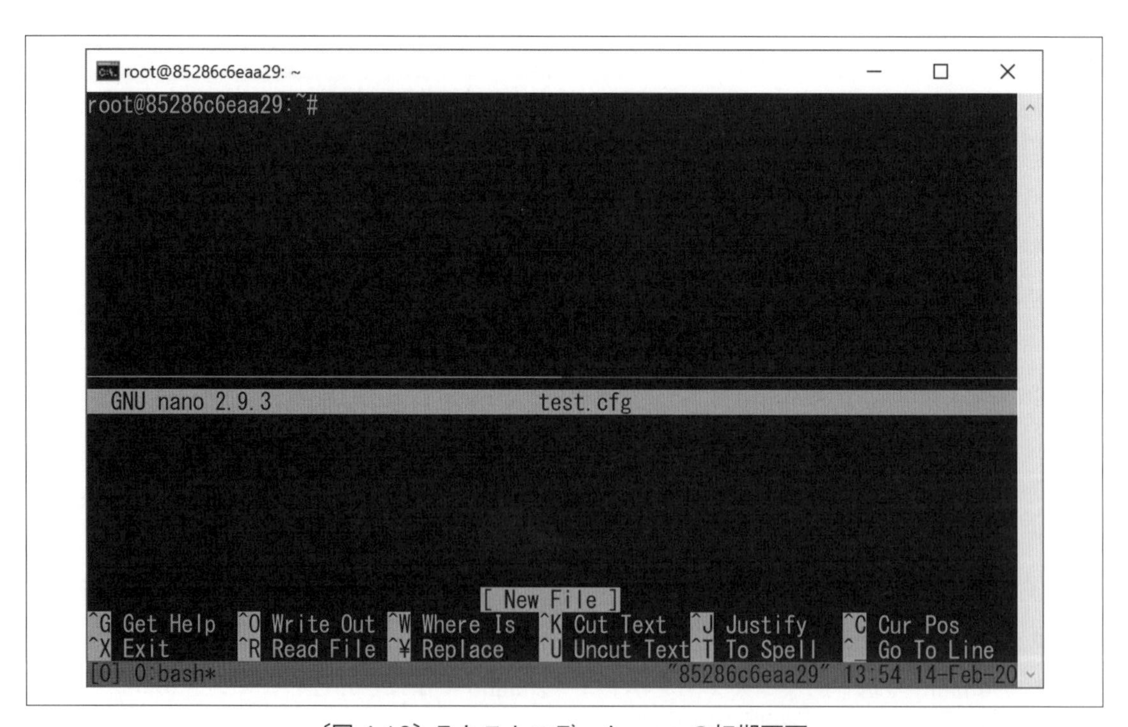

〔図4-10〕テキストエディタnanoの初期画面

検索と置換

Ctrl + W　後方に検索する

Ctrl + Q　前方に検索する

Ctrl + WR　置換する

5

ROS2の仕組み

ここではROS2の仕組みを簡単に紹介します。既に述べたようにROSはRobot Operating System（ロボットオペレーティングシステム）の名が示すように、ロボット開発のために必要な一連のライブラリとツール群、さらにはオープンなコミュニティを含む統合的ソフトウェアプラットフォームです。ここではROS2が動作する仕組みを学びます。ROS独自で一般には聞き慣れない用語がでてくるので以降の章を読み進める際には必要に応じて本章を参照して下さい。

5－1　ROS2のデータ通信

ROSの特徴を簡単に言えば、トピックと呼ぶ仕組みを使い配信（publish）・購読（subscribe）型の非同期通信によりメッセージを交換するフレームワークです。図5-1は、カメラ画像から人物認識を行う一連の流れにおける、ROSのデータ通信の仕組みであるノード、トピック、メッセージ、サービスを図示したものです。図中、丸で示したのがノードと呼ばれるROSにおけるプログラムの単位です。ここではカメラからの画像を入力するノード、画像を前処理して白黒に変換するノード、最後に画像から顔を認識して結果を表示するノードの三つが動作しています。画像入力ノードからカラー画像がメッセージとして白黒変換ノードに配信され、次に白黒に変換された画像が顔認識ノードに配信されます。

以下ではノード、トピック、メッセージ、サービス、パラメータのそれぞれをもう少し詳しく述べます。

5－1－1　ノード（node）

ROSではプログラムの単位をノードと呼び、ノードは一つのプロセスに対応します。プロセスとは実行中のプログラムの最小単位のことで一つのプログラムから複数のプロセスが起動することもあります。ROSにおけるデータ通信の基本はノード間通信（一般的にはプロセス間

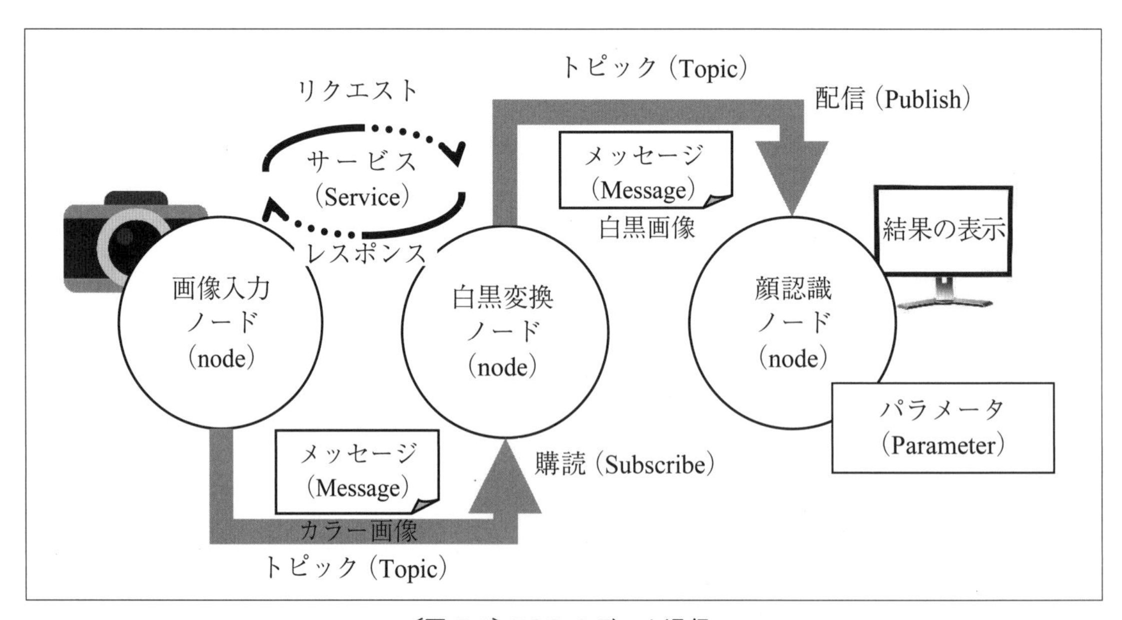

〔図5-1〕ROSのデータ通信

通信という）になります。それぞれのノードはメッセージという形式でデータを他のノードに送ったり、他のノードからのメッセージを受け取ったりを非同期におこなっています。

5－1－2　トピック（topic）

ROSにおいてデータ通信の経路をトピックと呼びます。トピックは予め決められたデータ型（メッセージ）を送受信します。ノードがトピックにデータを送ることを配信といい、逆にデータを受け取ることを購読と呼びます。トピックには独自の名前が付けられ、同じトピックに複数のノードからメッセージを送ること、またその逆も可能であり、多対多の通信が行えます。

5－1－3　メッセージ（message）

トピックで送受信されるデータをメッセージと呼びます。メッセージはそれぞれ個別のデータ型を持ち、整数や小数、文字列などよく使うデータ型については予め定義されているものもありますが、独自のデータ型を設定することも可能です。ロボットプログラミングではロボットの移動速度を管理するgeometry_msgs/Twist型やカメラ画像を扱うsensor_msgs/Image型のようなメッセージが用意されています。

ソースコード5.1はgeometry_msgs/Twist型メッセージの定義ファイルです。メッセージ定義ファイルは.msgという拡張子を持ったテキストファイルで、#より右はコメントです。ソースコード5.1を見ると、Twist型はlinearとangularといずれもVector3型の２つの変数で定義されています。コメントにあるように、これらはそれぞれ並進方向の速度と回転方向の速度を意味します。さらに、ソースコード5.2からVector3が３つの浮動小数点（x, y, z）の配列であることがわかります。したがって、Twist型は並進方向の速度のx, y, z成分と回転方向の速度のx, y, z成分の６つの小数で定義されていることになります。

ソースコード5.1［geometry_msgs/Twist型のメッセージ定義ファイル　Twist.msg］

```
1 # This expresses velocity in free space broken into its linear and angular parts.
2
3 Vector3  linear
4 Vector3  angular
```

ソースコード 5.2 [geometry_msgs/Vector3 型のメッセージ定義ファイル　Vector3.msg]

```
1 # This represents a vector in free space.
2
3 float64 x
4 float64 y
5 float64 z
```

ソースコード 5.3 に Python プログラムにおける Twist 型メッセージの使用方法を示します。

ソースコード 5.3 [Python プログラムにおける geometry_msgs/Twist 型メッセージの使用]

```
1 import rclpy
2 from geometry_msgs.msg import Twist
3 (途中省略)
4 msg = Twist ()
5 msg.linear.x = 1.0
6 msg.angular.z = 0.5
7 (以下省略)
```

5－1－4　サービス（service）

メッセージが、ノード間の一方向的なデータ通信であったのに対して、サービスはノードが他のノードにリクエストを送り、他のノードが処理をした後のレスポンスを受取るような一対一の双方向通信を行います。

ソースコード 5.4 は Turtlesim シミュレータに実装されている Spawn サービスの定義ファイルです。Turtlesim シミュレータについては後の章で詳しく説明しますが、Spawn サービスは新しくロボットの亀を生成するサービスです。引数として生成する亀の位置（x 座標、y 座標）と初期姿勢（theta）、亀の名前（name、省略可）をそれぞれ小数で与えてサービスを呼び出します。定義ファイルの 6 行目の「---」から下は戻り値の定義で、サービス呼び出しが成功した場合は亀の名前（name）を文字列として返します。

ソースコード 5.4 [Spawn サービスの定義ファイル　Spawn.srv]

```
1 float32 x
2 float32 y
3 float32 theta
4 # Optional.  A unique name will be created and returned if this is empty
5 string name
6 ---
7 string name
```

ソースコード 5.5 に Python プログラムにおけるメッセージ呼び出しの使用方法（抜粋）を示します。新しく生成させたい亀の位置と名前を指定してサービスを呼び出すと、返り値として生成された亀の名前を受け取っていることがわかります。ROS2 における Python プログラムの作成方法に関しては後の章（8 章）で詳しく説明します。

ソースコード 5.5 [Python プログラムにおけるメッセージ呼び出し　spawn.py]

```
 1 import rclpy
 2 from turtlesim.srv import Spawn
 3 cli = node.create_client(Spawn, '/spawn')
 5 req = Spawn.Request()
 6 req.x = 2.0     # x 座標をセットする
 7 req.y = 2.0     # y 座標をセットする
 8 req.theta = 0.2 # 初期姿勢をセットする
 9 req.name = 'new_turtle'  # 新しい亀の名前をセットする
11 future = cli.call_async(req)   # サービスを非同期に呼び出す
12 rclpy.spin_until_future_complete(node, future)
13 try:
14     result = future.result()
15 except Exception as e:
16     node.get_logger().info('Service call failed %r' % (e,))
17 else: # 結果を表示する
```

```
18    node.get_logger().info(
19        'Result of x, y,theta, name: %f %f %f %s' %
20        (req.x, req.x, req.theta, result.name))
21（以下省略）
```

5－1－5　パラメータ（parameter）

パラメータは複数のノードに渡り共有される設定値のことで、パラメータサーバにより実装されています。パラメータサーバで扱えるデータは、整数、少数、ブール値、辞書、リストに限定されていますがプログラムの動作中にもパラメータを変更することができることからロボットプログラミングのデバックの際には便利な機能です。

5－2　可視化ツールとシミュレータ

ROS がロボット開発の統合的ソフトウェアプラットフォームとして多くのユーザを集めている理由の一つに豊富な可視化ツールによるデバッグ機能の充実やシミュレータによる開発を容易に実機に移せる汎用性が挙げられています。

5－2－1　メッセージをプロットする rqt_plot

rqt_plot は指定した数値型のメッセージの値を時系列的に二次元プロットするツールです。図 5-2 は Turtlesim シミュレーション画面上のロボット（ここでは亀）の x 座標と y 座標を表示した例です。Turtlesim シミュレータを起動した後に、下記のように rqt_plot を実行するとリアルタイムでロボットの位置が表示されます。Turtlesim シミュレーションには後に 7 章で詳しく触れます。

```
root@a4aff3dc5cc3:~# ros2 run rqt_plot rqt_plot
```

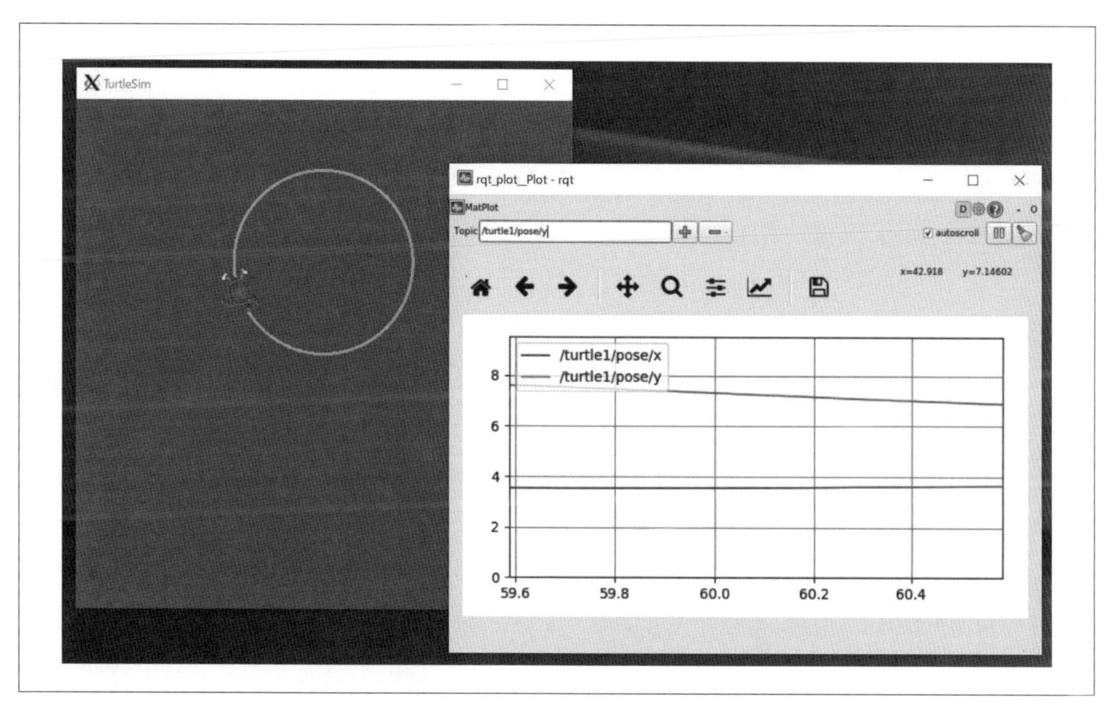

〔図 5-2〕rqt_plot によるメッセージの表示

rqt_plotの画面が立ち上がったら表示させたいトピックを一覧から選んで「+」ボタンを押すことでプロットが開始されます。rqt_plot時間とともに変化するようなロボットの位置や速度、角度センサや距離センサなどの測定値を表示させるのに便利なツールです。

5－2－2　Rviz2による可視化

Rviz2はロボットが認識している様々な情報を三次元空間に表示し可視化するツールです。先に紹介したrqt_plotが二次元表示だったのと比べロボットの位置や姿勢が自由な視線で眺めることができ、デバック効率が向上します。さらに、シミュレータ（次節でGazeboについて紹介します）や実機ロボットと連携して、経路探索の目的地をGUIから与えたり、シミュレータ上のロボットの位置と実際の空間での位置をGUIから設定するなど、三次元データの表示だけでなく様々な使い方ができロボットプログラミングのデバッグ機能を提供しています。

Rviz2は下記のコマンドで起動した後、Displaysパネルの「Add」ボタンで表示したいトピックなどを追加していきます。

```
root@a4aff3dc5cc3:~# ros2 rviz2 rviz2
```

図5-3はRviz2で表示可能なデータの一覧です。Camera（カメラ画像）やLaserScan（レーザレンジファインダからの距離画像）、PointCloud（三次元距離カメラ画像）などのセンサデータ、RobotModel（ロボットの三次元モデル）やPose（位置、姿勢）、Odometery（速度）などのロボットの内部情報、Map（地図）やPath（移動経路）など多様な情報が表示できることがわかります。

図5-4にRviz2の使用例を示します。実験室でロボットを動かすと同時にGazeboでシミュレーションを実行しています。右上の写真の環境をGazeboがシミュレートしているのが判ると思います。画面左部がRviz2の表示画面です。ロボットが使用している地図が表示され、地図上にレーザレンジファインダによる距離センサの値がマップされています。Rviz2の画面右部にはロボットに装着したカメラの画像が表示されています。Gazeboが生成したCGと実機ロボットから送られてきたカメラ画像が同時に表示され比較することが可能です。また、RViz2の画面上からロボットの移動先の位置・姿勢を与えることができるなどGUIとしての機能も豊富です。

このようにRviz2には様々な表示機能ははじめ、ロボットとのインタフェースが用意されており、開発中のロボットシステムのデバッグに欠かせない便利なツールです。

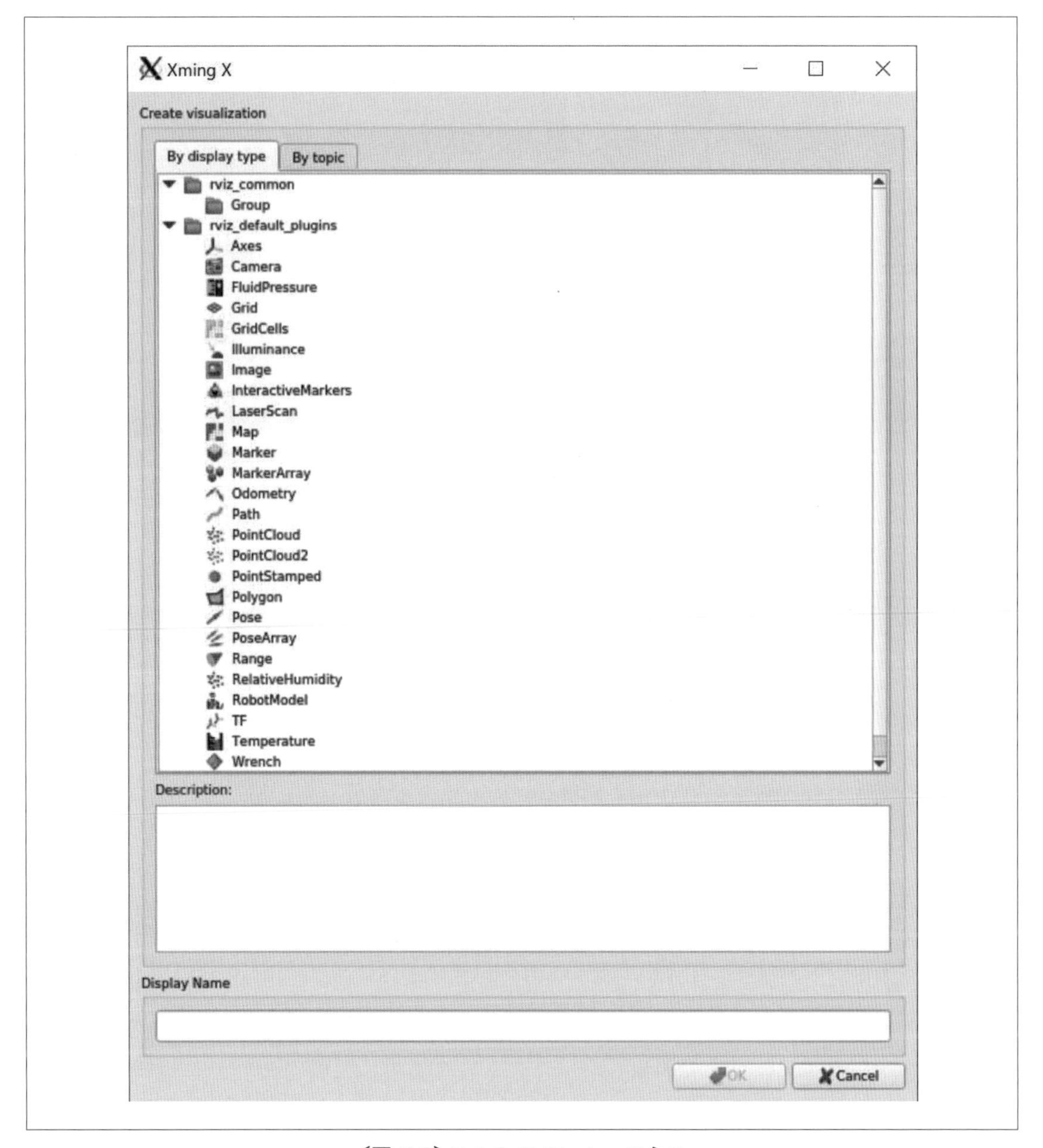

〔図 5-3〕Rviz2 の Display パネル

〔図 5-4〕Rviz2 の使用例

5－2－3　Gazebo シミュレータ

Gazebo はオープンソースの三次元ロボットシミュレータです。ODE（Open Dynamics Engine）や DART（Dynamic Animation and Robotics Toolkit）など様々な物理エンジンを切り替えることで、高速なリアルタイムシミュレーションや高精度な物理シミュレーションが可能です。多くの種類のカメラやレーザレンジファインダなどのセンサシミュレーションもサポートしており、ロボット開発に適したシミュレータと言えます。

開発の初期は Willow Garage がサポートし、また現在は OSRF（Open Source Robotics Foundation）の下で管理されるなど、常に ROS との連携を重視した機能強化が図られており、ROS における事実上の標準シミュレータとされています。

実機ロボットのサポートも充実しており、ROS で動く実機ロボットの多くの三次元モデルが用意され、シミュレータ上で開発したプログラムを簡単に実機で動かすことができます。ROS を使うことで同一のプログラムでシミュレータ上のロボットと実機ロボットを同じように動かすことができ、効率的なロボットシステムの開発が行えます。

ここでは簡単な差動 2 輪型の移動ロボットを Gazebo で動かしてみます。

WindowsOS のコマンドプロンプトから Docker イメージを起動します。Xming を予め起動するのを忘れないで下さい。Gazebo シミュレータを実行するには下記のように入力します。

```
root@ffe21f46275a:~# gazebo --verbose /opt/ros/eloquent/share/gazebo_plugins/
worlds/gazebo_ros_diff_drive_demo.world
Gazebo multi-robot simulator, version 9.0.0
Copyright (C) 2012 Open Source Robotics Foundation.
Released under the Apache 2 License.
http://gazebosim.org

Gazebo multi-robot simulator, version 9.0.0
Copyright (C) 2012 Open Source Robotics Foundation.
Released under the Apache 2 License.
http://gazebosim.org

[Msg] Waiting for master.
[Msg] Waiting for master.
[Msg] Connected to gazebo master @ http://127.0.0.1:11345
[Msg] Connected to gazebo master @ http://127.0.0.1:11345
[Msg] Publicized address: 172.17.0.2
[Msg] Publicized address: 172.17.0.2
[INFO] [gazebo_ros_node]: ROS was initialized without arguments.
[INFO] [demo.diff_drive]: Wheel pair 1 separation set to [1.250000m]
[INFO] [demo.diff_drive]: Wheel pair 1 diameter set to [0.600000m]
[INFO] [demo.diff_drive]: Subscribed to [/demo/cmd_demo]
[INFO] [demo.diff_drive]: Advertise odometry on [/demo/odom_demo]
[INFO] [demo.diff_drive]: Publishing odom transforms between [odom_demo] and
[chassis]（以下省略）
```

コマンドを入力してしばらくすると、広い空間に差動２輪型の移動ロボットが表示されるはずです（図 5-5）。初めてシミュレータを起動する際には必要なファイルを Gazebo のサーバからダウンロードするため時間がかかる場合があります。辛抱強くお待ちください。2回目の起動からは素早くシミュレータが立ち上がるはずです。

シミュレータ内のロボットを動かすには下記のようにros2 topicコマンドで移動ロボットに速度を与えます。ros2 topicコマンドについては6章で詳しく説明するので、ここでは移動ロボットがコマンドに従って動くことを確認して下さい。ここでは、並進方向のx方向の速度を1.0、回転方向のz軸周りの回転速度を-0.5で与えました。シミュレータ内のロボットは円を描いて移動するのが確認できると思います。

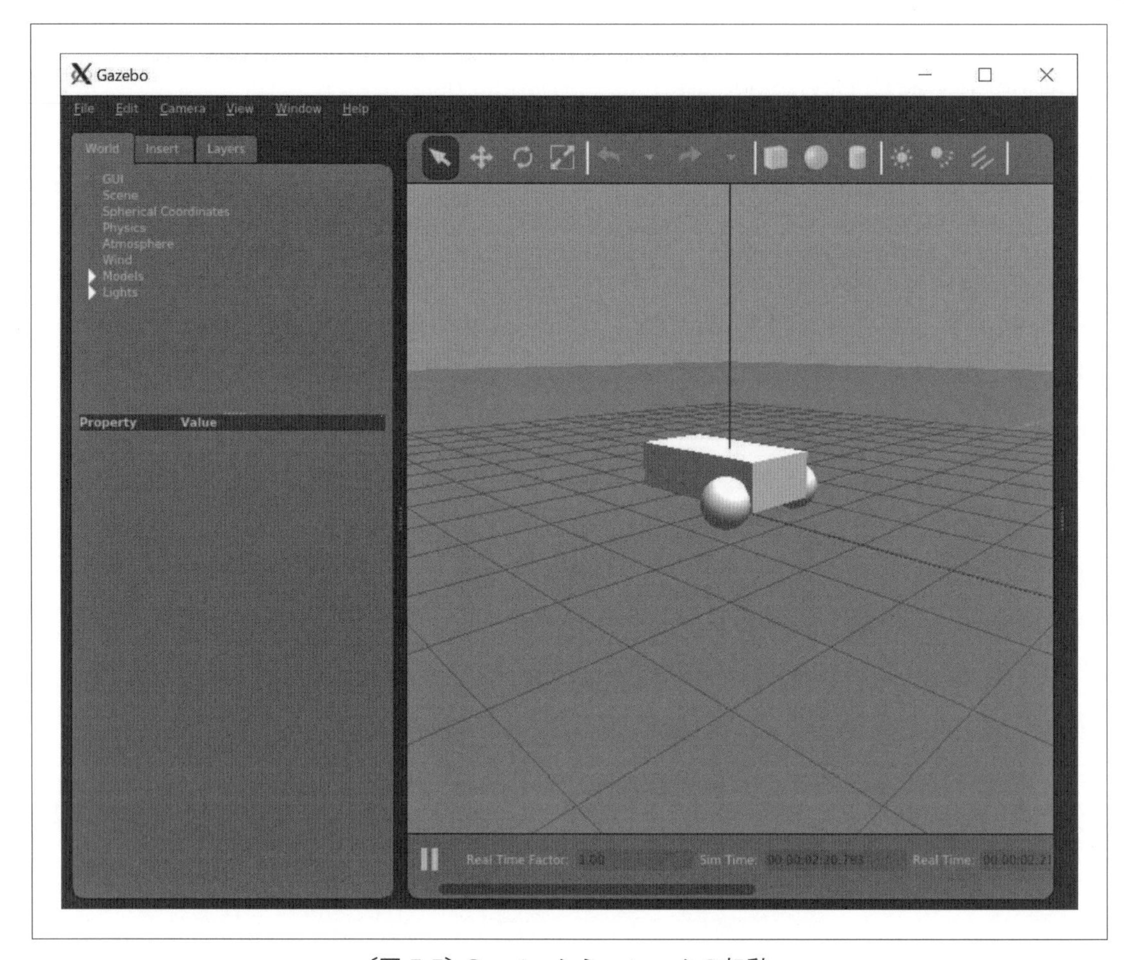

〔図5-5〕Gazeboシミュレータの起動

```
root@ffe21f46275a:~# ros2 topic pub /demo/cmd_demo geometry_msgs/Twist
'{linear: {x: 1.0},angular: {z: -0.5}}' -1
publisher: beginning loop
publishing #1: geometry_msgs.msg.Twist(linear=geometry_msgs.msg.
Vector3(x=1.0, y=0.0, z=0.0), angular=geometry_msgs.msg.Vector3(x=0.0, y=0.0,
z=-0.5))
```

次に簡単な物理シミュレーションの様子を見てみましょう。Gazeboシミュレータの画面上部にある物体配置メニューから円柱を選んで移動ロボットの経路に置いてみて下さい。円柱形のアイコンをクリックしてそのまま配置したい場所にマウスでドラッグします。そのままシミュレーションを続けると図5-6のように、障害物として置いた円柱に衝突します。上のコマン

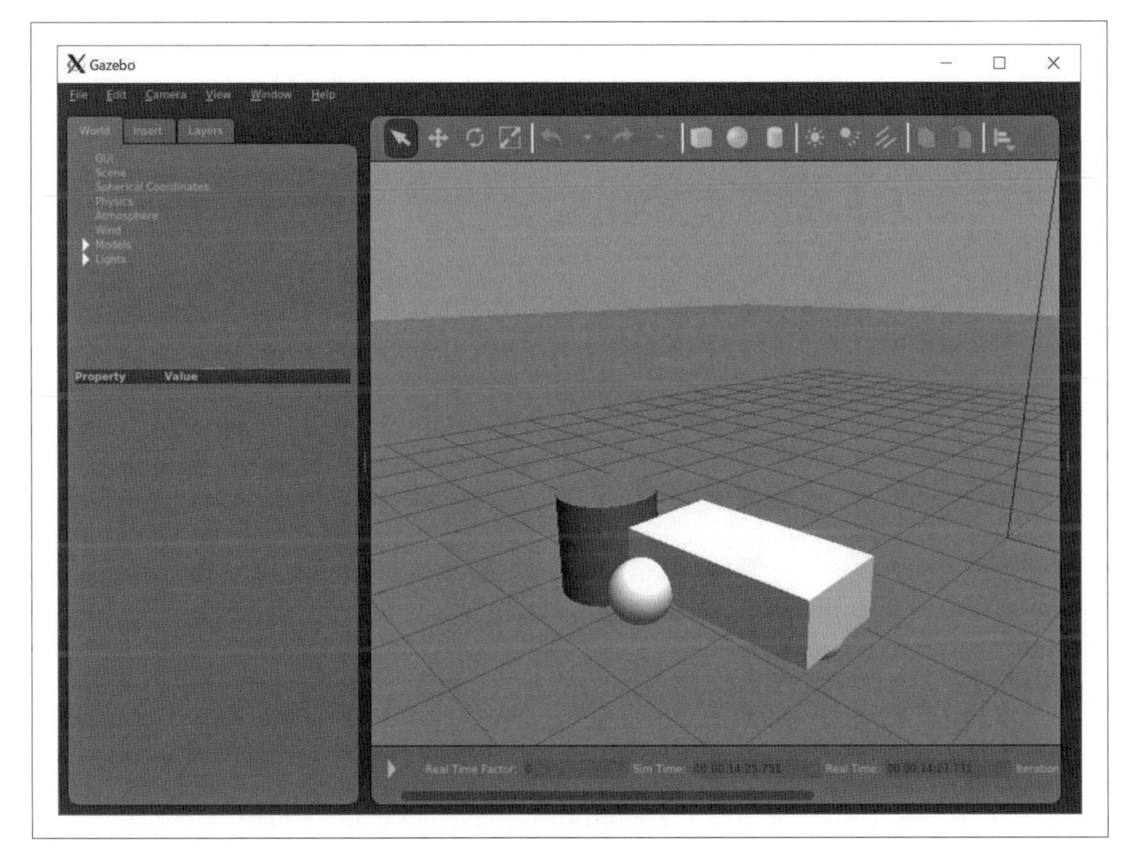

〔図5-6〕障害物との衝突シミュレーション

ドで与えるロボットの速度によって衝突の様子が変わることを確かめて下さい。Gazeboにはこのような物理シミュレーションの他、カメラ画像や超音波距離センサーなどのシミュレーションも手軽に使える機能が備わっており、ロボット開発には無くてはならない道具になっています。

5－3　ROSコミュニティ

ROSは当初からオープンソースでコミュニティベースの開発手法を採用してきました。ROS WikiではROSに関するすべての情報が文章化されており、ROSのコンセプトからインストールの方法、チュートリアルなど最新の情報が提供されています。本家のROS Wikiは英語での情報提供ですが、有志により日本語訳のサイトも用意され日本語で公式の情報が得られる貴重な場になっています。

また、ROSの公開パッケージはGitHubの公開リポジトリでオープンソースとしてアップデートが続けられ、利用者は誰でも自由にソースコードにアクセスすることが可能です。

利用者の質問に対するサポートとしてはROS AnswersというQ&Aフォーラムもあり、質問に対して開発者やヘビーユーザからの回答が素早く得られたり、過去の質問とその回答を検索することも可能です。

これらインターネットを介したコミュニティの他に開発者らに直接会って交流を行う場としてROS開発者会議であるROSConが毎年開催されています。2012年に始まったROSConは年に一回世界各地で開催され多くの参加者を集め、ROSに関する最新技術を知る貴重な機会になっています。さらに、2018年には日本版ROSConとしてROSConJPが発足しました。年に一回の会議では毎回200名以上の参加者が集まり、初心者向けの講習会から海外からのゲストによる専門性の高い講演などROSに関する幅広い知識の交換が行われています。

6

ROS2のコマンドを知る

ROS2ではコマンドラインツールのros2によってノードやトピック、サービスなどの情報を知ることができます。

初めにWinodwsOSのコマンドプロンプトから下記のようにDockerコンテナを起動します。

```
C:¥docker-ros2-programming>run-container.bat
root@fa187cca276e:~#
```

Dockerコンテナが起動したら、下記のようにros2 -hを入力することで利用可能なROS2コマンドの一覧が表示されます。

```
root@a079f4e34b6d:~# ros2 -h
usage: ros2 [-h] Call `ros2 <command> -h` for more detailed usage. ...

ros2 is an extensible command-line tool for ROS 2.

optional arguments:
  -h, --help            show this help message and exit

Commands:
  action     Various action related sub-commands
  component  Various component related sub-commands
  daemon     Various daemon related sub-commands
  doctor     Check ROS setup and other potential issues
  interface  Show information about ROS interfaces
  launch     Run a launch file
  lifecycle  Various lifecycle related sub-commands
  msg        Various msg related sub-commands
  multicast  Various multicast related sub-commands
  node       Various node related sub-commands
  param      Various param related sub-commands
```

```
 pkg       Various package related sub-commands
 run       Run a package specific executable
 security  Various security related sub-commands
 service   Various service related sub-commands
 srv       Various srv related sub-commands
 topic     Various topic related sub-commands
 wtf       Use `wtf` as alias to `doctor`
 Call `ros2 <command> -h` for more detailed usage.
```

それぞれのコマンドの詳細については下記にようにサブコマンドに -h オプションを付けて実行してみて下さい。ここではトピックに関するコマンドの詳細を表示してみます。

```
root@c95aaf6ace85:~# ros2 topic -h
usage: ros2 topic [-h] [--include-hidden-topics]
                  Call `ros2 topic <command> -h` for more detailed usage. ...
Various topic related sub-commands
optional arguments:
 -h, --help            show this help message and exit
 --include-hidden-topics
                       Consider hidden topics as well
Commands:
 bw     Display bandwidth used by topic
 delay  Display delay of topic from timestamp in header
 echo   Output messages from a topic
 find   Output a list of available topics of a given type
 hz     Print the average publishing rate to screen
 info   Print information about a topic
 list   Output a list of available topics
 pub    Publish a message to a topic
 type   Print a topic's type
```

```
Call `ros2 topic <command> -h` for more detailed usage.
```

6－1　トピックとメッセージ

ROS2 ではノードとノードの間でお互いにトピックを介して通信します。実際に配信・購読されるデータはメッセージと呼ばれ、それぞれのメッセージは独自の型を持っています。配信者と購読者は同じ型のメッセージを送受信する必要があり、ROS2 においてメッセージの型を知ることは大事なことです。

ros2 topic list コマンドで起動中のトピックの一覧を表示させます。

```
root@c95aaf6ace85:~# ros2 topic list
/parameter_events
/rosout
```

ROS2 を起動した初期状態では /parameter_events と /rosout の二つのトピックが存在しています。このトピックはデバッグ出力を集めてログ出力するために常に起動しています.

次に、ros2 topic info コマンドで /rosout の詳細を表示してみます。

```
root@c95aaf6ace85:~# ros2 topic info /rosout
Type: rcl_interfaces/msg/Log
Publisher count: 2
Subscriber count: 0
```

/rosout は rcl_interfaces/msg/Log 型のメッセージを二つ配信していることがわかります。

さらに、ros2 msg show コマンドで rcl_interfaces/msg/Log 型のメッセージの詳細を表示してみます。

```
root@c95aaf6ace85:~# ros2 msg show rcl_interfaces/msg/Log
##
## Severity level constants
##
byte DEBUG=10 #debug level
byte INFO=20  #general level
```

```
byte WARN=30  #warning level
byte ERROR=40 #error level
byte FATAL=50 #fatal/critical level

##
## Fields
##
builtin_interfaces/Time stamp
uint8 level
string name # the name representing the logger this message came from
string msg # message
string file # file the message came from
string function # function the message came from
uint32 line # line the message came from
```

画面に表示された内容に関してここでは深く触れませんが、rcl_interfaces/msg/Log は /rosout がデバック情報を配信するためのメッセージであることがわかります。

他にも ros2 msg list コマンドによりシステムでサポートするすべてのメッセージの一覧が表示されます。それぞれのメッセージにつて ros2 msg show［メッセージ名］でメッセージの詳細を調べてみて下さい。

```
root@c95aaf6ace85:~# ros2 msg list
action_msgs/msg/GoalInfo
action_msgs/msg/GoalStatus
action_msgs/msg/GoalStatusArray
actionlib_msgs/msg/GoalID
actionlib_msgs/msg/GoalStatus
actionlib_msgs/msg/GoalStatusArray
builtin_interfaces/msg/Duration
builtin_interfaces/msg/Time
```

```
cartographer_ros_msgs/msg/LandmarkEntry
cartographer_ros_msgs/msg/LandmarkList
...
(以下省略)
```

６－２　ROS2 コマンドによるメッセージの配信

ros2 topic コマンドを使ってノード間のメッセージの交換について学ぶために、ROS2 に標準でインストールされているデモ用のノードを使ってみます。

はじめに、ROS2 コマンドを使ってトピックにメッセージを配信してみます。

もう一度、WindowsOS のコマンドプロンプトから Docker イメージを起動することから説明します。

```
C:¥docker-ros2-programming>run-container.bat
root@fa187cca276e:~#
```

コンテナが起動したら、tmux を起動し、[Ctrl-b + “] キーで上下に端末を分割します。

```
root@fa187cca276e:~# tmux
```

初めに２分割した上の端末でメッセージを購読するためのノードを立ち上げ、下の端末からトピックに配信してみます。

上の端末に移動し（［Ctrl-b +↑］キーで画面を移動します）ros2 run コマンドで demo_node_py を listner というオプションを付けて実行し、購読ノードを起動します。

コマンドを入力すると待ちの状態になります。

```
root@a079f4e34b6d:~# ros2 run demo_nodes_py listener
```

続いて、下の画面（［Ctrl-b +↓］キーで画面を移動します）に移り、ros2 topic list コマンドで起動中のトピックの一覧を表示させると /parameter_events, /rosout に加え /chatter という名前のトピックが見つかります。

```
root@a079f4e34b6d:~# ros2 topic list
/chatter
/parameter_events
```

```
/rosout
```

次に ros2 topic info コマンドで /chatter の情報を調べると、str_msgs/msg/String 型のメッセージを購読していることがわかります。

```
root@a079f4e34b6d:~# ros2 topic info /chatter
Type: std_msgs/msg/String
Publisher count: 0
Subscriber count: 1
```

ここで下記のように ros2 topic pub コマンドで /chatter に文字列を配信してみましょう。待ち状態になっていた購読ノード（上の画面）が受け取ったメッセージを画面に表示します。「Hello World」はお好きな文字列に変えて下さい。

メッセージの配信を終了するには［Ctrl-c］キーを入力してください。

```
root@a079f4e34b6d:~# ros2 topic pub /chatter std_msgs/msg/String "{data: Hello World}"
publisher: beginning loop
publishing #1: std_msgs.msg.String(data='Hello World')
```

ro2 topic pub コマンドによるメッセージ配信の一連の実行結果を図 6-1 に示します。

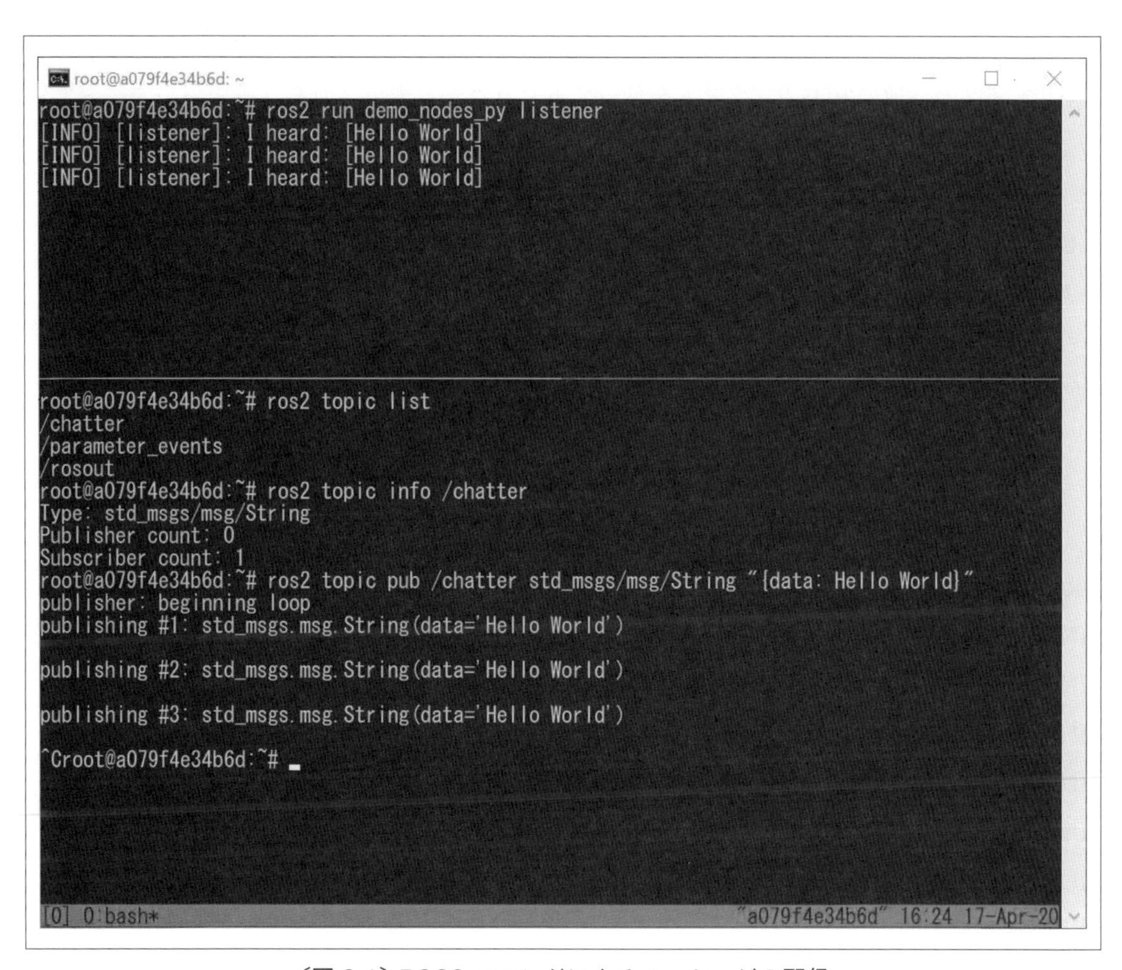

〔図 6-1〕ROS2 コマンドによるメッセージの配信

6－3　ROS2 コマンドによるメッセージの購読

次に、6-2 とは逆に ROS2 コマンドを使ってトピックから配信されるメッセージを購読してみます。6-2 と同様に Docker イメージを起動して tmux を使い画面を 2 分割して下さい。

2 分割した上の画面でメッセージを配信するためのノードを立ち上げ、下の画面でメッセージを購読します。

上の端末に移動し（［Ctrl-b + ↑］キーで画面を移動します）ros2 run コマンドで demo_node_py を talker というオプションを付けて実行し、配信ノードを起動します。

コマンドを入力すると Hello World という文字列を配信し続け、同じ文字列を画面に表示します。

```
root@ a079f4e34b6d:~# ros2 run demo_nodes_py talker
[INFO] [talker]: Publishing: "Hello World: 0"
[INFO] [talker]: Publishing: "Hello World: 1"
[INFO] [talker]: Publishing: "Hello World: 2"
[INFO] [talker]: Publishing: "Hello World: 3"
[INFO] [talker]: Publishing: "Hello World: 4"
[INFO] [talker]: Publishing: "Hello World: 5"
(以下省略)
```

続いて、下の画面（［Ctrl + ↓］キーで画面を移動します）に移り、ros2 topic list コマンドで起動中のトピックの一覧を表示させると /parameter_events, /rosout に加え /chatter という名前のトピックが見つかります。

```
root@a079f4e34b6d:~# ros2 topic list
/chatter
/parameter_events
/rosout
```

次に ros2 topic info コマンドで /chatter の情報を調べると、str_msgs/msg/String 型のメッセー

ジを配信していることがわかります。

```
root@a079f4e34b6d:~# ros2 topic info /chatter
Type: std_msgs/msg/String
Publisher count: 1
Subscriber count: 0
```

ここで下記のように ros2 topic echo コマンドで /chatter からの文字列を購読してみましょう。配信され続けているメッセージを購読し、画面に表示します。

メッセージの購読を終了するには［Ctrl-c］キーを入力してください。

```
root@a079f4e34b6d:~# ros2 topic echo /chatter
data: 'Hello World: 9'
---
data: 'Hello World: 10'
---
…
(以下省略)
```

ros2 topic echo コマンドによるメッセージ購読の一連の実行結果を。図 6-2 に示します。

```
root@a079f4e34b6d: ~
root@a079f4e34b6d:~# ros2 run demo_nodes_py talker
[INFO] [talker]: Publishing: "Hello World: 0"
[INFO] [talker]: Publishing: "Hello World: 1"
[INFO] [talker]: Publishing: "Hello World: 2"
[INFO] [talker]: Publishing: "Hello World: 3"
[INFO] [talker]: Publishing: "Hello World: 4"
[INFO] [talker]: Publishing: "Hello World: 5"
[INFO] [talker]: Publishing: "Hello World: 6"
[INFO] [talker]: Publishing: "Hello World: 7"
[INFO] [talker]: Publishing: "Hello World: 8"
[INFO] [talker]: Publishing: "Hello World: 9"
[INFO] [talker]: Publishing: "Hello World: 10"

root@a079f4e34b6d:~# ros2 topic list
/chatter
/parameter_events
/rosout
root@a079f4e34b6d:~# ros2 topic info /chatter
Type: std_msgs/msg/String
Publisher count: 1
Subscriber count: 0
root@a079f4e34b6d:~# ros2 topic echo /chatter
data: 'Hello World: 9'
---
data: 'Hello World: 10'
---

[0] 0:python3*                                "a079f4e34b6d" 21:06 17-Apr-20
```

〔図 6-2〕ROS2 コマンドによるメッセージの購読

Turtlesimシミュレータで ROS2を学ぶ

Turtlesim シミュレータ（以下、Turtlesim）は ROS の公式チュートリアルに用意されている 2 次元空間で亀が動くシミュレータです。ここでは、6 章で学んだ ROS2 のトピックやサービス、パラメータについて Turtlesim を動かしながら理解を深めます。

7－1　Turtlesimの起動

WindowsOSのコマンドプロンプトから下記のようにDockerイメージを起動します。ここで、4-1でインストールしたXmingを予め起動するのを忘れないで下さい。

```
C:¥docker-ros2-programming>run-container.bat
root@fa187cca276e:~#
```

コンテナが起動したら、tmuxを起動し、[Ctrl-b + “] キーで上下に端末を分割します。

```
root@fa187cca276e:~# tmux
```

分割された片方の端末に下記のようにTurtlesimの起動コマンドを入力するとノードが立ち上がり、青いシミュレータの画面が表示され中央に亀が現れます（図7-1）。

```
root@7eb0e3e626a0:~# ros2 run turtlesim turtlesim_node
QStandardPaths: XDG_RUNTIME_DIR not set, defaulting to '/tmp/runtime-root'
failed to get the current screen resources
[INFO] [turtlesim]: Starting turtlesim with node name /turtlesim
[INFO] [turtlesim]: Spawning turtle [turtle1] at x=[5.544445], y=[5.544445],
theta=[0.000000]
```

起動コマンドを入力した画面の表示を見ると下記のように出力され、「Turtle1」という名前の亀がx=[5.544445], y=[5.544445], theta=[0.000000]という座標上に出現したことがわかります。

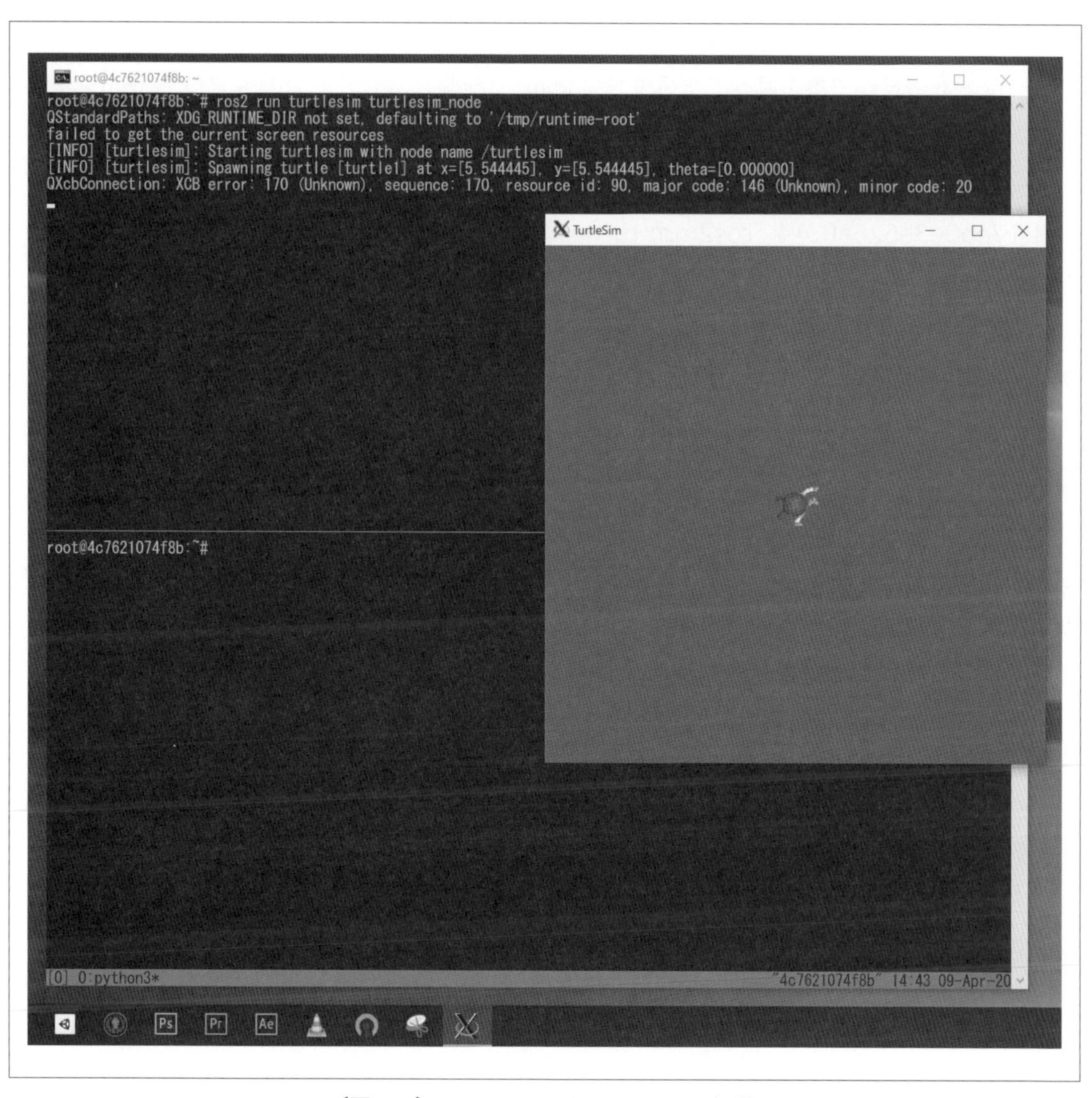

〔図 7-1〕Turtlesim シミュレータの起動

7－2　キーボードで亀を動かす

キーボードの操作で亀を動かしてみます。tmux で分割したもう一方の端末に［Ctrl-b + 矢印］コマンドで移動し、キーボードで亀を動かすためのノードを起動します。

```
root@7eb0e3e626a0:~#  ros2 run turtlesim turtle_teleop_key
Reading from keyboard
---------------------------
Use arrow keys to move the turtle.
Use G|B|V|C|D|E|R|T keys to rotate to absolute orientations. 'F' to cancel a rotation.
'Q' to quit.
```

矢印キー（↑：前進、↓：後退、←：反時計回りに回転、→：時計回りに回転）や指定されたキー入力（G,B,V,C,D,E,R,T）に従って画面の上の亀が移動します。亀を止めるには［F］キー、プログラムを終了するには［Q］キーを入力します。

図 7-2 のように移動した軌跡は白い線となってシミュレータ画面に表示されます。

〔図 7-2〕Turtlesim をキーボードで動かす

7－3　Turtlesim シミュレータで ROS2 のノードを学ぶ

ROS におけるノードはモータを動かしたり、画像をカメラから入力して処理したりといった機能を担っています。各ノードはトピック、サービス、アクション、パラメータを利用して他のノードとデータを送受信します。ROS2 では一つの実行ファイル（C++ や Python で書かれたプログラム）に一つ以上のノードを含めることが可能になりました。ここでは、Turtlesim を使って ROS2 のノードを学びます。

7－3－1　ノードの起動

ROS2 ではノードの起動に ros2 run コマンドを使います。ros2 run コマンドは ros2 run ＜パッケージ名＞＜実行可能なファイル名＞のようにパッケージ名と実行可能なファイル名をオプションとして実行します。

前節と同様に Docker コンテナを実行し、tmux で端末を分割してください。

Turtlesim を起動するには下記のように実行します。

```
root@7eb0e3e626a0:~# ros2 run turtlesim turtlesim_node
QStandardPaths: XDG_RUNTIME_DIR not set, defaulting to '/tmp/runtime-root'
failed to get the current screen resources
[INFO] [turtlesim]: Starting turtlesim with node name /turtlesim
[INFO] [turtlesim]: Spawning turtle [turtle1] at x=[5.544445], y=[5.544445],
theta=[0.000000]
```

turtlesim がパッケージ名、turtlesim_node が実行ファイル名です。

ここで別の端末でノードの一覧を表示すると、/turtlesim という名前のノードが立ち上がっているのが確認できます。

```
root@7eb0e3e626a0:~# ros2 node list
/turtlesim
```

さらに、別の画面でキーボードにより亀を動かすためのノードを起動します。

```
root@7eb0e3e626a0:~# ros2 run turtlesim turtle_teleop_key
Reading from keyboard
---------------------------
Use arrow keys to move the turtle.
Use G|B|V|C|D|E|R|T keys to rotate to absolute orientations. 'F' to cancel a rotation.
'Q' to quit.
```

同様にノードのリストを表示すると /turtlesim に加え /teleop_turtle という２つ目のノードが起動したのが確認できます。

```
root@7eb0e3e626a0:~# ros2 node list
/turtlesim
/teleop_turtle
```

７－３－２　ノード情報の表示

起動しているノードの詳細な情報を知るには ros2 node info コマンドを使います。

下記のように ros2 node info コマンドでオプションでノード名（ここでは /turtlesim）を指定すると、指定されたノードが購読（Subscribe）したり、配信（Publish）するメッセージのタイプや実装されているサービスなどの詳細が表示されます。

```
root@7eb0e3e626a0:~# ros2 node info /turtlesim
/turtlesim
  Subscribers:
    /parameter_events: rcl_interfaces/msg/ParameterEvent
    /turtle1/cmd_vel: geometry_msgs/msg/Twist
  Publishers:
    /parameter_events: rcl_interfaces/msg/ParameterEvent
    /rosout: rcl_interfaces/msg/Log
    /turtle1/color_sensor: turtlesim/msg/Color
```

```
    /turtle1/pose: turtlesim/msg/Pose
  Service Servers:
    /clear: std_srvs/srv/Empty
    /kill: turtlesim/srv/Kill
    /reset: std_srvs/srv/Empty
    /spawn: turtlesim/srv/Spawn
    /turtle1/set_pen: turtlesim/srv/SetPen
    /turtle1/teleport_absolute: turtlesim/srv/TeleportAbsolute
    /turtle1/teleport_relative: turtlesim/srv/TeleportRelative
    /turtlesim/describe_parameters: rcl_interfaces/srv/DescribeParameters
    /turtlesim/get_parameter_types: rcl_interfaces/srv/GetParameterTypes
    /turtlesim/get_parameters: rcl_interfaces/srv/GetParameters
    /turtlesim/list_parameters: rcl_interfaces/srv/ListParameters
    /turtlesim/set_parameters: rcl_interfaces/srv/SetParameters
    /turtlesim/set_parameters_atomically: rcl_interfaces/srv/SetParametersAtomically
  Service Clients:

  Action Servers:
    /turtle1/rotate_absolute: turtlesim/action/RotateAbsolute
  Action Clients:
```

同様に、/teleop_turtle ノードの詳細も表示させ、/turtlesim ノードとの違いを確認してみて下さい。

```
root@7eb0e3e626a0:~# ros2 node info /teleop_turtle
/teleop_turtle
  Subscribers:
    /parameter_events: rcl_interfaces/msg/ParameterEvent
  Publishers:
    /parameter_events: rcl_interfaces/msg/ParameterEvent
```

```
    /rosout: rcl_interfaces/msg/Log
    /turtle1/cmd_vel: geometry_msgs/msg/Twist
  Service Servers:
    /teleop_turtle/describe_parameters: rcl_interfaces/srv/DescribeParameters
    /teleop_turtle/get_parameter_types: rcl_interfaces/srv/GetParameterTypes
    /teleop_turtle/get_parameters: rcl_interfaces/srv/GetParameters
    /teleop_turtle/list_parameters: rcl_interfaces/srv/ListParameters
    /teleop_turtle/set_parameters: rcl_interfaces/srv/SetParameters
    /teleop_turtle/set_parameters_atomically: rcl_interfaces/srv/
SetParametersAtomically
  Service Clients:

  Action Servers:

  Action Clients:
    /turtle1/rotate_absolute: turtlesim/action/RotateAbsolute
root@b76fc68c26d9:~#
```

7－3－3　ノードのリマッピング

ノードのリマッピング（リネームとも言う）機能を使うことでノード名、トピック名、サービス名などのデフォルトのノードプロパティを任意の値に再設定することができます。

ここではTurtlesimシミュレータを２つ起動することを試してみます。

前節までと同様にTurtlesimシミュレータを起動した状態で、さらにもう一つ別の端末で全く同じ起動コマンドを実行してみて下さい。

下記のように同じメッセージが表示され、同じようにTurtlesimシミュレータの画面が表示されます。今回の亀は色が違っているはずです。

```
root@7eb0e3e626a0:~# ros2 run turtlesim turtlesim_node
QStandardPaths: XDG_RUNTIME_DIR not set, defaulting to '/tmp/runtime-root'
```

```
failed to get the current screen resources
[INFO] [turtlesim]: Starting turtlesim with node name /turtlesim
[INFO] [turtlesim]: Spawning turtle [turtle1] at x=[5.544445], y=[5.544445],
theta=[0.000000]
```

ここで、ros2 node list コマンドで起動中のノードの一覧を表示してみます。同じノード名の/turtlesim が２つ起動しているのがわかります。

```
root@7eb0e3e626a0:~# ros2 node list
/teleop_turtle
/turtlesim
/turtlesim
```

この状態で /teleop_turtle ノードを起動し、キーボードで亀を動かしてみて下さい。二つの画面の亀が同時に動くことが確認できると思います。

次に、一旦２つ目のシミュレータを停止（[Ctrl-c] キーを入力する）し、Turtlesim を remap オプションを付けて実行してください。

```
root@7eb0e3e626a0:~# ros2 run turtlesim turtlesim_node --ros-args --remap __
node:=my_turtle

QStandardPaths: XDG_RUNTIME_DIR not set, defaulting to '/tmp/runtime-root'
failed to get the current screen resources
[INFO] [turtlesim]: Starting turtlesim with node name /turtlesim
[INFO] [turtlesim]: Spawning turtle [turtle1] at x=[5.544445], y=[5.544445],
theta=[0.000000]
```

ros2 node list で確認すると、新しいノード名 /my_turtle が起動しているのがわかります。

```
root@7eb0e3e626a0:~# ros2 node list
/teleop_turtle
/turtlesim
/my_turtle
```

図 7-3 に二つの Turtlesim シミュレータを起動した様子を示します。

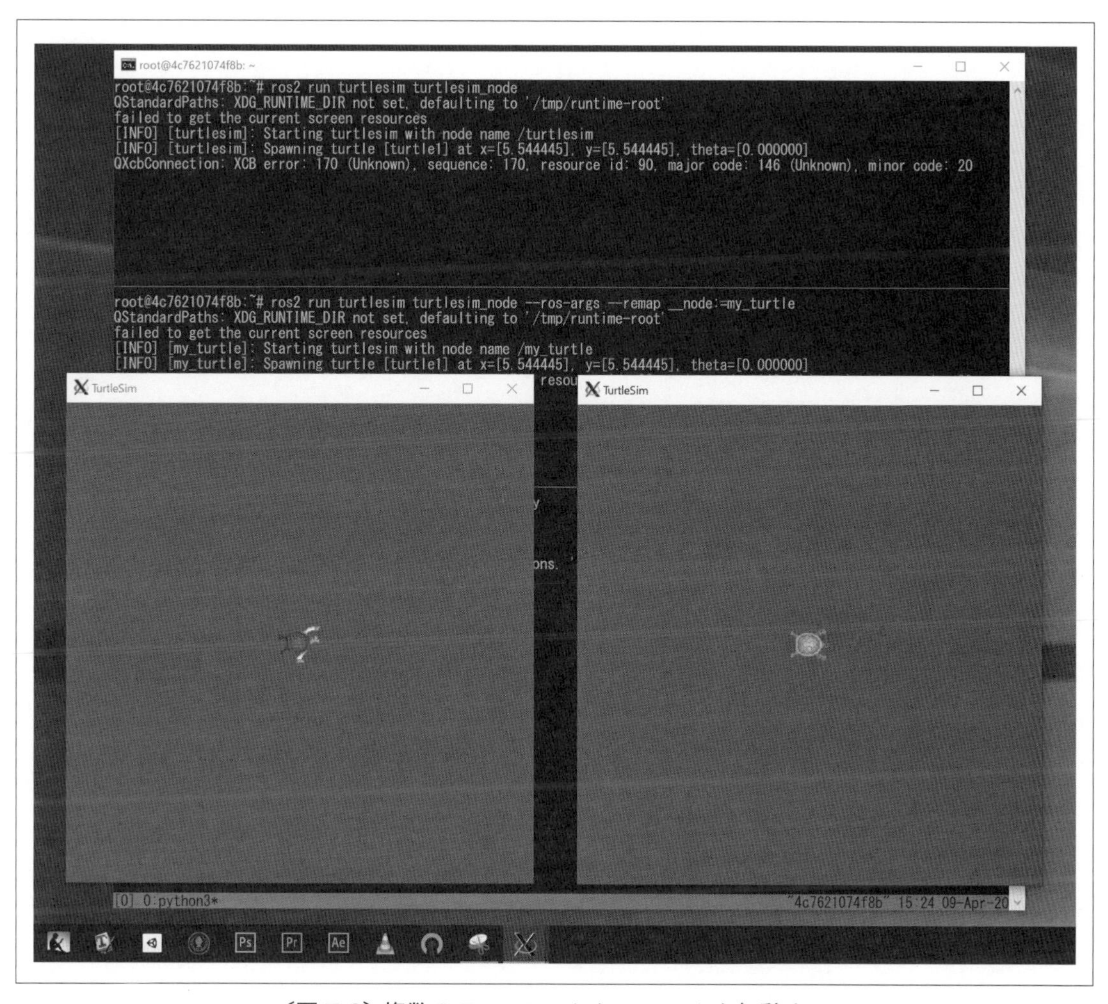

〔図 7-3〕複数の Turtlesim シミュレータを起動する

7－4　Turtlesim で ROS2 のトピックとメッセージを学ぶ

ROS 2 は多くのモジュール化されたノードの組合せでロボットのような複雑なシステムを構築します。トピックは、ノードがメッセージを交換するための経路として重要な要素です。ノードは、任意の数のトピックにデータを配信し、同時に任意の数のトピックからのデータを購読することができます。トピックは、ノード間、つまりシステムの異なる部分間でデータを伝達する重要な方法の１つです。

ここでは、前節と同様に tutlesim_node と turtle_teleop_key ノードを立ち上げて、ノード間の繋がりやトピックやメッセージ等の情報を確認します。

7－4－1　rqt_graph によるノード情報の可視化

rqt_graph は動作中のノードやトピックの関係をグラフィカルに可視化するツールです。新しいターミナルを開き、rqt_graph を実行すると、図 7-4 の画面が表示されます。

```
root@67f591921241:~# rqt_graph
```

/tutlesim と /teleop_turtle の二つのノードは楕円で囲まれて表示されています。二つのノードを繋ぐように /teleop_turtle ノードから /tutlesim ノードに向けて矢印が引かれており、/turtle1/cmd_vel トピックを介して亀を移動するためのキー入力が送られていることがわかります。上記のノードとトピックのほか、グラフの周囲に２つのアクションが表示されているはずですが、アクションに関する説明は後述します。中央のトピックにマウスを合わせると、画像のように色がハイライトされているのがわかります。rqt_graph のハイライト機能は、多くのノードやトピックがさまざまな方法で接続された複雑なシステムを調べる際に非常に便利です。

7－4－2　トピックリストの表示

新しい端末で ros2 topic list コマンドを実行すると下記のように、現在アクティブなトピックのリストが表示されます。

```
root@67f591921241:~# ros2 topic list
/parameter_events
/rosout
```

```
/turtle1/cmd_vel
/turtle1/color_sensor
/turtle1/pose
```

同様に、-t オプションを付けて ros2 topic list コマンドを実行すると、トピックのタイプがそれぞれのトピック名の後に括弧で追加されて表示されます。

```
root@67f591921241:~# ros2 topic list -t
/parameter_events [rcl_interfaces/msg/ParameterEvent]
```

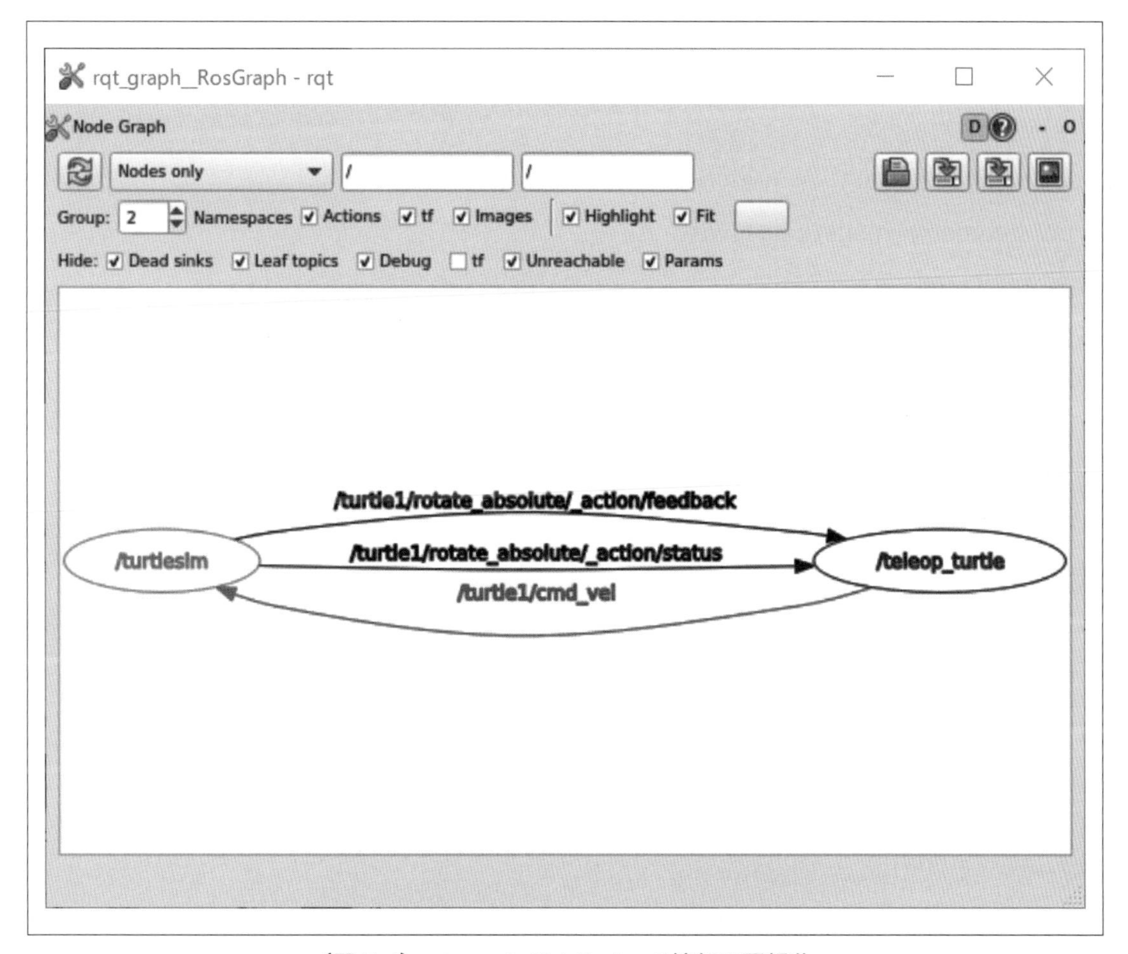

〔図 7-4〕rqt_graph によるノード情報の可視化

```
/rosout [rcl_interfaces/msg/Log]
/turtle1/cmd_vel [geometry_msgs/msg/Twist]
/turtle1/color_sensor [turtlesim/msg/Color]
/turtle1/pose [turtlesim/msg/Pose]
```

トピックには名前とタイプがあります。これらの属性、特にタイプは、ノードがトピック間を伝搬する際に､同じ情報について遣り取りしていることをノードが認識するためのものです。

7－4－3　トピックの情報取得

それぞれのトピックの詳細な情報を取得するには ros2 topic info <トピック名> コマンドを使います。下記のように実行すると、/turtle1/cmd_vel というシミュレータ上の亀を動かす速度を指定するトピックの詳細が得られます。

```
root@9a21e544e583:~# ros2 topic info /turtle1/cmd_vel
Type: geometry_msgs/msg/Twist
Publisher count: 1
Subscriber count: 1
```

画面に表示された情報から、/turtle1/cmd_vel は geometry_msgs/msg/Twist 型のデータを持ち、システム上では配信先が１つ、購読元が１つのトピックであることがわかります。

7－4－4　トピックから配信されているデータの表示

トピックから配信されるデータを購読するには、ros2 topic echo <トピック名> コマンドを使います。teleop_turtle ノードは /turtle1/cmd_vel トピックを介して /turtlesim にデータを配信しています。ここでは、/turtle1/cmd_vel トピックから配信されているメッセージを購読してみます。

一つ目の画面で ros2 topic echo コマンドを実行すると、下記ように表示待ちの状態になります。

```
root@9a21e544e583:~# ros2 topic info /turtle1/cmd_vel
```

ここで、キーボードにより亀を動かすための turtle_teleop_key ノードを使い、矢印キーにより亀を動かしてみて下さい。画面上の亀が移動すると供に、下記のように /turtlesim に送られた速度データが表示されます。

```
root@9a21e544e583:~# ros2 topic info /turtle1/cmd_vel
---
linear:
  x: 2.0
  y: 0.0
  z: 0.0
angular:
  x: 0.0
  y: 0.0
  z: 0.0
---
(以下省略)
```

７－４－５　メッセージ情報の表示

ROS のノードはメッセージを利用してトピック間のデータ交換を実現しています。配信者と購読者と呼ばれるメッセージの送り手と受け手はどちらも同じタイプのメッセージを利用する必要があります。既に説明したように ros2 topic list -t コマンドを実行した際に表示されたトピックのタイプによって、各トピックが送信できるメッセージのタイプがわかります。

```
root@9a21e544e583:~# ros2 topic list -t
/parameter_events [rcl_interfaces/msg/ParameterEvent]
/rosout [rcl_interfaces/msg/Log]
/turtle1/cmd_vel [geometry_msgs/msg/Twist]
/turtle1/color_sensor [turtlesim/msg/Color]
/turtle1/pose [turtlesim/msg/Pose]
```

/turtle1/cmd_vel [geometry_msgs/msg/Twist] は /turtle1/cmd_vel トピックが geometry_msgs パッケージの中の Twist というメッセージを配信することを意味します。ここで、geometry_msgs/msg/Twist がどういうタイプのメッセージかを見てみましょう。下記のように、ros2 msg show <メッセージ名> コマンドを実行することでメッセージのデータ構造を知ることができます。

```
root@9a21e544e583:~# ros2 msg show geometry_msgs/msg/Twist
# This expresses velocity in free space broken into its linear and angular parts.

Vector3  linear
Vector3  angular

root@9a21e544e583:~# ros2 msg show geometry_msgs/msg/Vector3
# This represents a vector in free space.

float64 x
float64 y
float64 z
```

5-1-3 で説明したように geometry_msgs/msg/Twist は Twist 型は並進方向の速度の x, y, z 成分と回転方向の速度の x, y, z 成分の 6 つの小数で定義されていることになります。つまり、/teleop_turtle は /turtlesim に対して linear（並進）と angular（回転）の速度をそれぞれ 3 次元のベクトルとして配信しているということです。

７－４－６　トピックへデータを配信

トピックが配信するメッセージの構造を理解したところで、コマンドラインから直接トピックにデータを配信してみましょう。turtlesim_node ノードを起動して、もう一つの端末から ros2 topic pub <トピック名><メッセージタイプ>'<配信するデータ>' のようにメッセージの配信コマンドを実行します。今回はキー操作で亀を動かす turtle_teleop_key は起動しません。

```
root@4c7621074f8b:~# ros2 topic pub --once /turtle1/cmd_vel geometry_msgs/
msg/Twist '{linear: {x: 2.0, y: 0.0, z: 0.0}, angular: {x: 0.0, y: 0.0, z: 1.8}}'

publisher: beginning loop
publishing #1: geometry_msgs.msg.Twist(linear=geometry_msgs.msg.
Vector3(x=2.0, y=0.0, z=0.0), angular=geometry_msgs.msg.Vector3(x=0.0, y=0.0,
z=1.8))
```

ここでは {linear: {x: 2.0, y: 0.0, z: 0.0}, angular: {x: 0.0, y: 0.0, z: 1.8} のように x 軸方向（亀の前

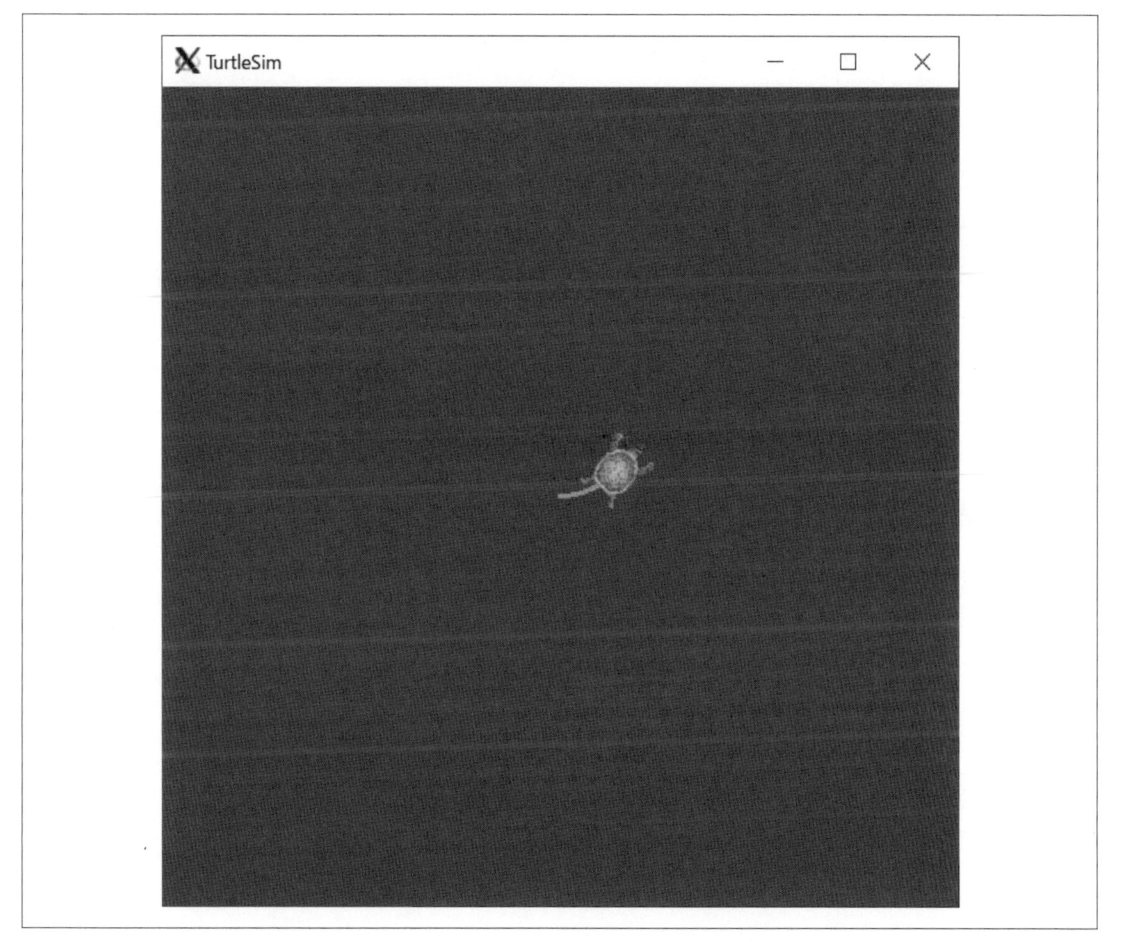

〔図 7-5〕トピックへデータを配信して亀を動かす（1）

方）へ 2.0 の速度、z 軸（反時計回り）に対して 1.8 の回転速度を与えています。

コマンドを実行した端末には publishing に続いて情報が表示され、図 7-5 のように画面上の亀が移動し軌跡が表示されます。

この例では移動指令を一回だけ与えているのでコマンドを実行すると少し動いて亀は止まってしまいます。下記のように同じ移動指令を 1 秒回に一回の割合で連続して与えてみます。コマンドのオプションとして -rate 1 を追加します。今回は図 7-6 のように連続して円を描くように亀が移動します。

```
root@4c7621074f8b:~# ros2 topic pub --rate 1 /turtle1/cmd_vel geometry_msgs/
msg/Twist '{linear: {x: 1.0, y: 0.0, z: 0., angular: {x: 0.0, y: 0.0, z: 0.5}}'



publishing #16: geometry_msgs.msg.Twist(linear=geometry_msgs.msg.
Vector3(x=1.0, y=0.0, z=0.0), angular=geometry_msgs.msg
.Vector3(x=0.0, y=0.0, z=0.5))

publishing #17: geometry_msgs.msg.Twist(linear=geometry_msgs.msg.
Vector3(x=1.0, y=0.0, z=0.0), angular=geometry_msgs.msg
.Vector3(x=0.0, y=0.0, z=0.5))

…（1 秒ごとに繰り返す）
```

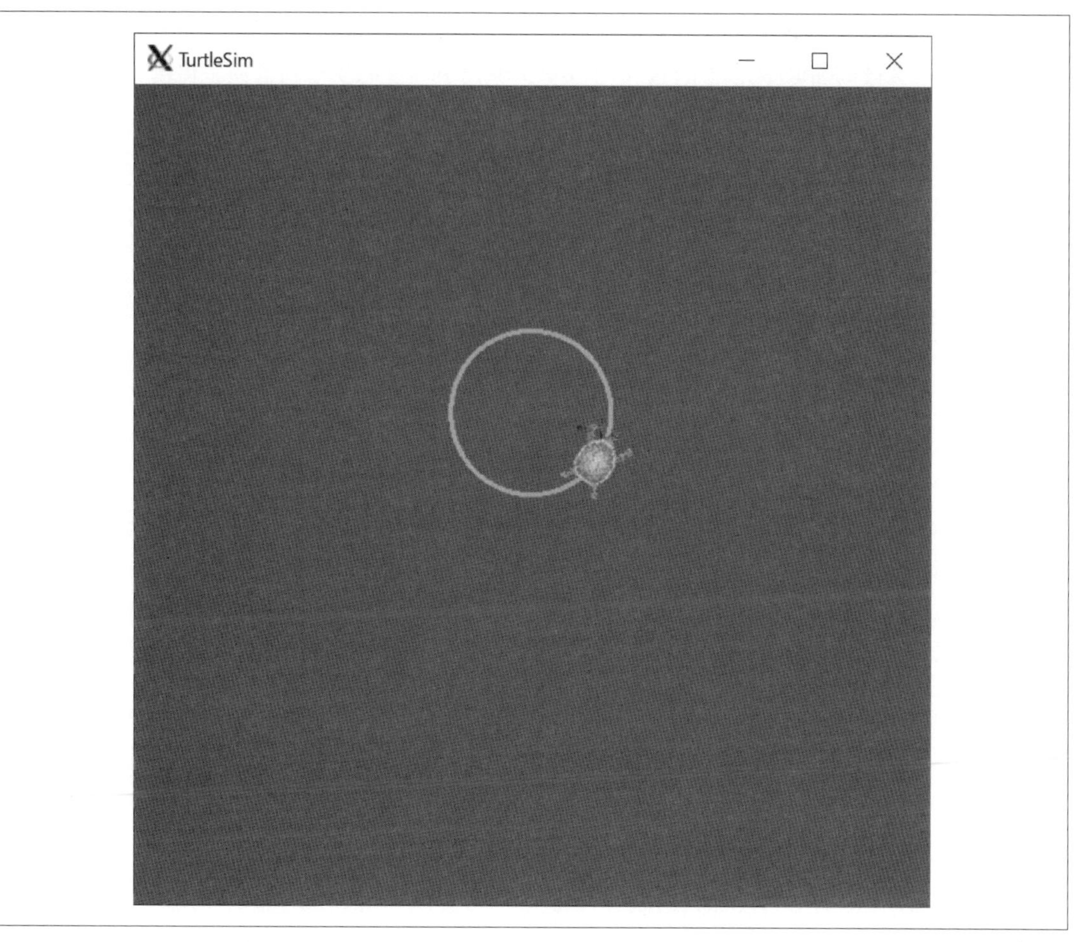

〔図 7-6〕トピックへデータを配信して亀を動かす（2）

7－5　TurtlesimでROS2のサービスを学ぶ

ROSサービスは前節で学んだROSトピックと似たデータの送受信機能を提供します。サービスはトピックによるデータの配信・購読とは別の仕組みでノード間のデータのやり取りを実現しています。トピックが非同期かつ継続的で一方的（配信か購読）なメッセージの送受信を行うのに対して、サービスではクライアントからの要求に基づく同期的で一回限りの双方向のメッセージを交換します。

ここではTurtlesimシミュレータを使い、ROS2におけるサービスの基本を学びます。これまでと同様にtutlesim_nodeとturtle_teleop_keyノードを立ち上げてください。

7－5－1　サービスの一覧表示

別の端末でros2 service listコマンドを実行すると、下記のようにアクティブになっているすべてのサービスのリストが表示されます。

```
root@df6b07d8dd18:~# ros2 service list
/clear
/kill
/reset
/spawn
/teleop_turtle/describe_parameters
/teleop_turtle/get_parameter_types
/teleop_turtle/get_parameters
/teleop_turtle/list_parameters
/teleop_turtle/set_parameters
/teleop_turtle/set_parameters_atomically
/turtle1/set_pen
/turtle1/teleport_absolute
/turtle1/teleport_relative
/turtlesim/describe_parameters
/turtlesim/get_parameter_types
/turtlesim/get_parameters
```

```
/turtlesim/list_parameters
/turtlesim/set_parameters
/turtlesim/set_parameters_atomically
```

次に ros2 service list コマンドに -t のオプションを付けて実行してみて下さい。それぞれのサービスの後ろにそのタイプが表示されます。

```
root@9a21e544e583:~# ros2 service list -t
/clear [std_srvs/srv/Empty]
/kill [turtlesim/srv/Kill]
/reset [std_srvs/srv/Empty]
/spawn [turtlesim/srv/Spawn]
/teleop_turtle/describe_parameters [rcl_interfaces/srv/DescribeParameters]
/teleop_turtle/get_parameter_types [rcl_interfaces/srv/GetParameterTypes]
/teleop_turtle/get_parameters [rcl_interfaces/srv/GetParameters]
/teleop_turtle/list_parameters [rcl_interfaces/srv/ListParameters]
/teleop_turtle/set_parameters [rcl_interfaces/srv/SetParameters]
/teleop_turtle/set_parameters_atomically [rcl_interfaces/srv/
SetParametersAtomically]
/turtle1/set_pen [turtlesim/srv/SetPen]
/turtle1/teleport_absolute [turtlesim/srv/TeleportAbsolute]
/turtle1/teleport_relative [turtlesim/srv/TeleportRelative]
/turtlesim/describe_parameters [rcl_interfaces/srv/DescribeParameters]
/turtlesim/get_parameter_types [rcl_interfaces/srv/GetParameterTypes]
/turtlesim/get_parameters [rcl_interfaces/srv/GetParameters]
/turtlesim/list_parameters [rcl_interfaces/srv/ListParameters]
/turtlesim/set_parameters [rcl_interfaces/srv/SetParameters]
/turtlesim/set_parameters_atomically [rcl_interfaces/srv/SetParametersAtomically]
```

先に立ち上げた二つのノード（/turtlesim と /teleop_turtle）はいずれも 6 つのノードサービス

を持ち、それぞれが引数を持っています。ここでは、/clear と /spawn という名前のサービスに注目してみます。

7－5－2　サービスのインターフェースを知る

サービスは引数付きの関数のようなものです。ここでは、それぞれのサービスをどのように呼び出せばいいのかを ros2 interface show コマンドで調べてみます。

ros2 service list -t で確認したように、/clear サービスは std_srvs/srv/Empty 型の引数が必要とされています。そこで、下記のように実行し、std_srvs/srv/Empty 型がどのような引数なのかを調べます。

```
root@9a21e544e583:~# ros2 interface show std_srvs/srv/Empty
---
```

ここでは、「---」の後ろには何も表示されませんでした。std_srvs/srv/Empty は ROS ２ではよく使用されており、「引数が必要ない」ということを意味します。

同様に /spawn サービスについても調べてみましょう。/spawn はシミュレータ上に新しい亀を追加で生成するサービスです。

```
root@9a21e544e583:~# ros2 interface show turtlesim/srv/Spawn
float32 x
float32 y
float32 theta
string name # Optional.  A unique name will be created and returned if this is empty
---
string name
```

「---」より上の情報は /spawn を呼び出すのに必要な引数です x, y, theta は新しく生成される亀の位置を指定します。また、オプションで亀の名前を指定できます。

「---」以下の情報は、/spawn を呼び出した結果として得られる返り値の型になり、ここでは新しく生成した亀の名前になります。

７－５－３　サービスの実行

ROS2 のサービスは ros2 service call <サービス名><サービスタイプ><引数>の形式で実行することができます。

試しに、/clear サービスを下記のように実行してみて下さい。

```
root@df6b07d8dd18:~# ros2 service call /clear std_srvs/srv/Empty
waiting for service to become available...
requester: making request: std_srvs.srv.Empty_Request()

response:
std_srvs.srv.Empty_Response()
```

図 7-7 のように /clear サービスを実行すると、亀の移動軌跡が消えることがわかります。/clear サービスは画面の表示をリフレッシュするサービスです。

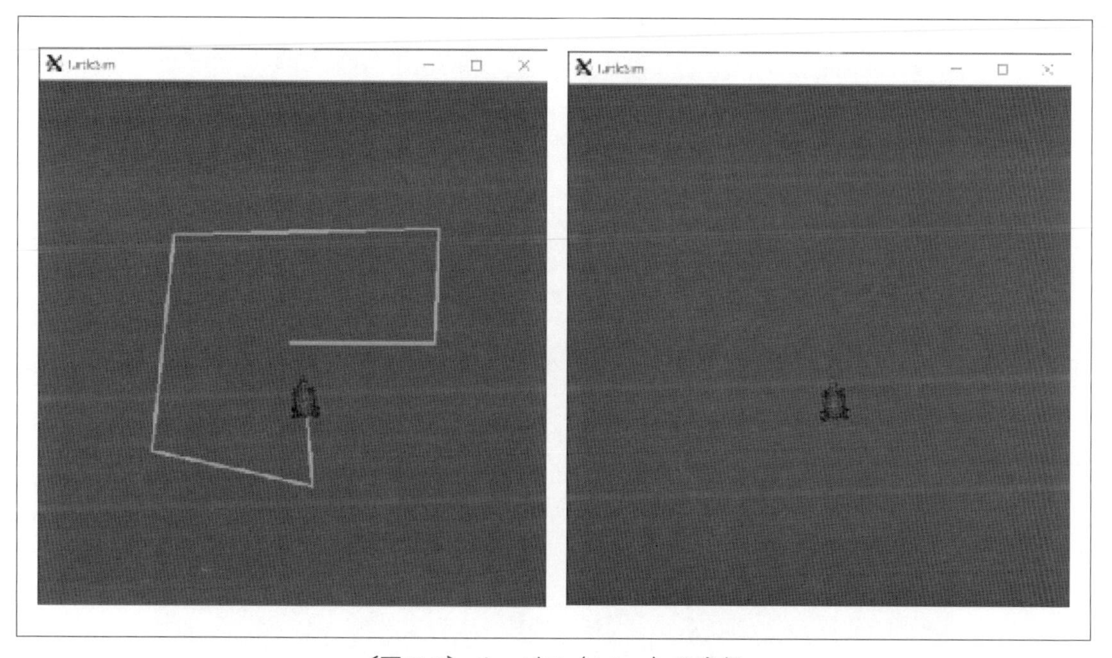

〔図 7-7〕サービス（/clear）の実行

もう一つ、/spawn サービスを試してみましょう。

```
root@df6b07d8dd18:~# ros2 service call /spawn turtlesim/srv/Spawn "{x: 2, y: 2, theta: 0.2, name: ' '}"
waiting for service to become available...
requester: making request: turtlesim.srv.Spawn_Request(x=2.0, y=2.0, theta=0.2, name='')

response:
turtlesim.srv.Spawn_Response(name='turtle2')
```

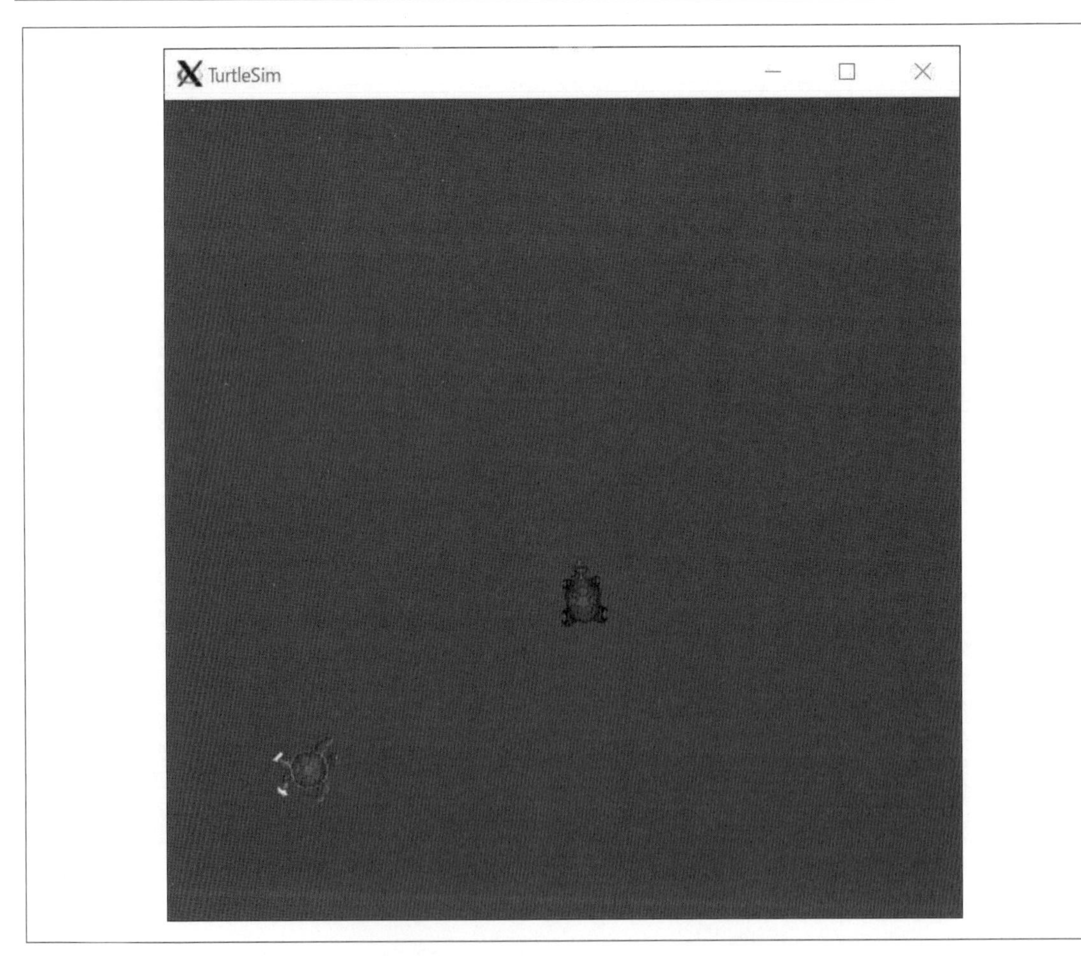

〔図 7-8〕サービス（/spawn）の実行

図 7-8 のように、/spawn サービスを実行することで、引数で指定した場所（{x: 2, y: 2, theta: 0.2, name: ' '}）に二つ目の亀が現れました。

二つ目の亀を動かすには新しい画面で下記のように入力します。

```
root@df6b07d8dd18:~# ros2 run turtlesim turtle_teleop_key  /turtle1/cmd_vel:=/
turtle2/cmd_vel
Reading from keyboard
---------------------------
Use arrow keys to move the turtle.
Use G|B|V|C|D|E|R|T keys to rotate to absolute orientations. 'F' to cancel a rotation.
'Q' to quit.
```

これまでと同様、カーソルキーで二つ目の亀が動くことを確認して下さい（図 7-9)。

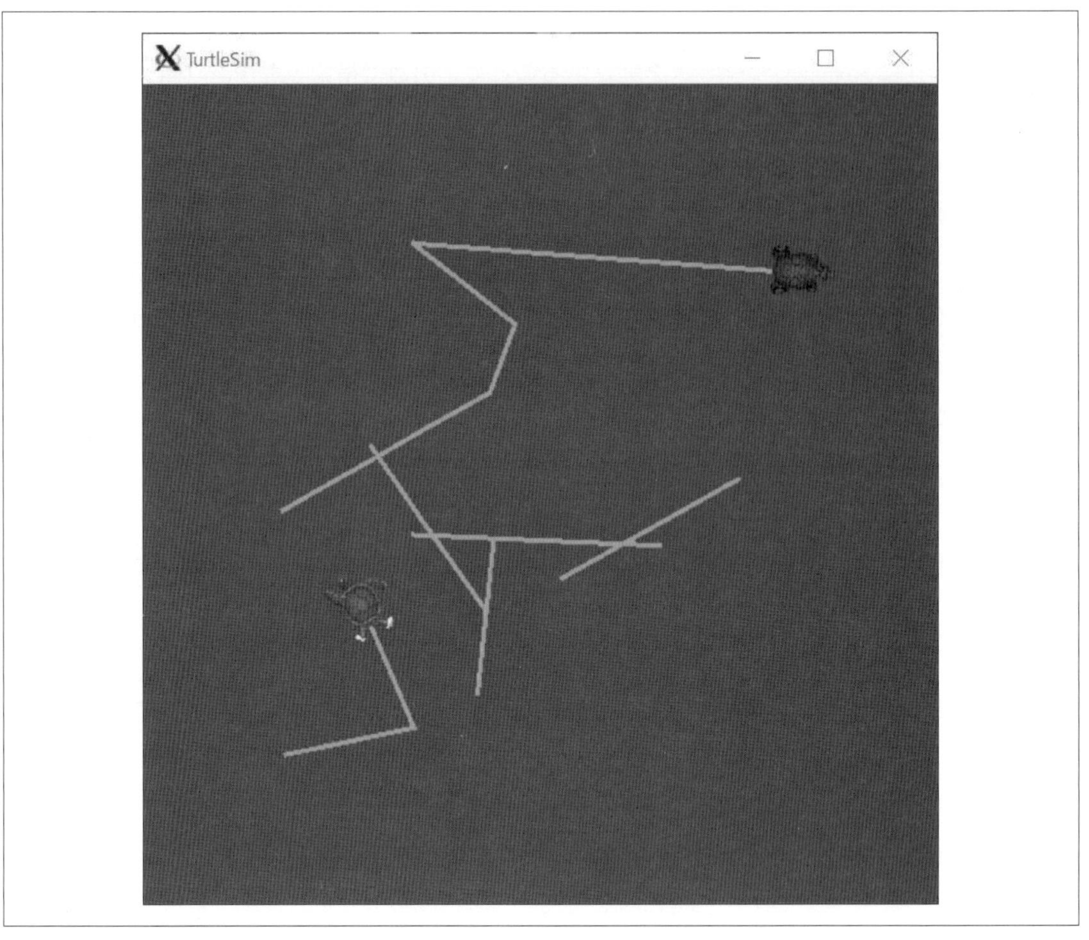

〔図 7-9〕二つの亀の移動軌跡

７－６　Turtlesim で ROS2 のパラメータを学ぶ

ROS におけるパラメータとはノードの設定に関わる様々な値のことです。各ノード毎にパラメータとして整数、小数、真偽値、文字列とそれらのリストを持つことができます。すべてのパラメータはシステムの実行中に動的に変更することが可能です。

ここでは Turtlesim シミュレータを使い、ROS2 におけるパラメータの基本を学びます。これまでと同様に tutlesim_node と turtle_teleop_key ノードを立ち上げてください。

７－６－１　パラメータの一覧表示

システム上のすべてのノードのパラメータを一覧表示するには ros2 param list コマンドを実行します。

```
root@df6b07d8dd18:~# ros2 param list
/teleop_turtle:
  scale_angular
  scale_linear
  use_sim_time
/turtlesim:
  background_b
  background_g
  background_r
  use_sim_time
```

/turtlesim ノードと /teleop_tuttle ノードのそれぞれのパラメータが表示されます。

/turtlesim ノードの background_b, background_g, background_r というパラメータは名前が示すように Turtlesim 画面の背景色を RGB の三色で指定しています。

７－６－２　パラメータ値の取得

次に、パラメータの値を ros2 param get <ノード名><パラメータ名>コマンドで取得してみます。

```
root@df6b07d8dd18:~# ros2 param get /turtlesim background_b
Integer value is: 255
```

255という数値が表示されました。これはTurtlesim画面の背景色の青色成分が0から255の整数値のうちで255ということを意味しています。同様に、赤色成分（background_r）と緑色成分（background_g）の値を求めてみて下さい、86と69という値が得られるはずです。

7－6－3　パラメータ値の変更

パラメータ値を変更するにはros2 param set <ノード名><パラメータ名><値>コマンドを実行します。それでは、Turtlesim画面の背景色を変えてみましょう。下記のように入力することで背景色を紫色に変更することができます。

```
root@9a21e544e583:~# ros2 param set /turtlesim background_r 150
Set parameter successful
```

7－6－4　パラメータ値の保存と読込

ノードのパラメータの値はファイルに保存したり、ファイルからパラメータの値を読み込んで設定したりすることができます。

ros2 param dump <ノード名>を実行すると<ノード名>.yamlファイルが作成さ下記のようにパラメータの値が保存されます。

```
root@9a21e544e583:~# ros2 param dump /turtlesim
Saving to:  ./turtlesim.yaml
root@9a21e544e583:~# cat ./turtlesim.yaml
turtlesim:
  ros__parameters:
    background_b: 255
    background_g: 86
    background_r: 150
    use_sim_time: false
```

さらに、パラメータ値を保存したyaml形式のファイルを使って、下記のようにノードを起動する際にパラメータの値を読み込んで設定することができます。

```
root@9a21e544e583:~# ros2 run turtlesim turtlesim_node --ros-args --params-file
./turtlesim.yaml
QStandardPaths: XDG_RUNTIME_DIR not set, defaulting to '/tmp/runtime-root'
failed to get the current screen resources
[INFO] [turtlesim]: Starting turtlesim with node name /turtlesim
[INFO] [turtlesim]: Spawning turtle [turtle1] at x=[5.544445], y=[5.544445],
theta=[0.000000]
```

前節までのように --params-file ./turtlesim.yaml を付けずにTurtlesimシミュレータを起動した場合との違いを確認してみて下さい。亀が表示されるシミュレータの画面の色が異なって起動すると思います。

7－7　TurtlesimでROS2のアクションを学ぶ

ここまでトピックによるデータの配信と購読、サービスによる双方向のメッセージ交換の例を試してきました。ここでは、ROS2のもう一つのデータ交換の手段であるアクションについて学びます。

アクションはサービスと同じように、データの送り手と受け手が双方向に通信を行います。しかしトピックやサービスと違う点として、アクションは処理が長く応答するまでの時間がかかる時に使用し、処理の途中結果を受け取ることが出来ます。アクションはノード間の1対1の非同期通信になり、実行中にキャンセルすることができるなど単一のレスポンスを返すサービスとは対照的に安定したフィードバックを提供します。

ROS2のアクションではGoal（ゴール）、Result（リザルト）、Feedback（フィードバック）の三つのメッセージを使います。

Goal（ゴール）は台車を移動させるときの目的地の座標やスピードなどのようにアクションの結果として到達する目標を与えます。Result（リザルト）はゴールが達成されたときにサーバ側からクライアント側に一度だけ送られるメッセージで、アクションの目的がセンサ情報取得のような場合はリザルトで返される値を使用します。Feedback（フィードバック）はアクションの実行中、定期的にサーバ側からクライアント側に通知され続けるメッセージでクライアントがアクションの途中経過を知ることができます。

7－7－1　アクションを使ってみる

これまでと同様に、/turtlesimノードと/teleop_turtleノードを立ち上げて下さい。

/teleop_turtleノードを立ち上げた画面を見ると、下記のような文字が出力されています。

```
root@9a21e544e583:~# ros2 run turtlesim turtle_teleop_key
Reading from keyboard
---------------------------
Use arrow keys to move the turtle.
Use G|B|V|C|D|E|R|T keys to rotate to absolute orientations. 'F' to cancel a rotation.
'Q' to quit.
```

「Use arrow keys to move the turtle.」とあるように矢印キーを入力すると亀が動くのは7-2で確

認しました。矢印キーを押すことにより cmd_vel トピックを介して亀の移動速度を指示して亀を動かしています。

ここでは、「Use G|B|V|C|D|E|R|T keys to rotate to absolute orientations. 'F' to cancel a rotation. 'Q' to quit.」に注目します。

「G,B,V,C,D,E,R,T」のキーはＦキーを中心に周囲に配置されていますが、それぞれのキーを押すことでシミュレータ上の亀がキーの配置されている方向を向くことがわかります。例えば、Ｄのキーを押すと亀は画面に向かって左を向きます。

この時、/turtlesim ノードを立ち上げた別の画面には「[INFO] [turtlesim]: Rotation goal completed successfully」と表示されたと思います。キーを押すたびに、/turtlesim ノードの一部であるアクションサーバーにゴール（ここでは亀の向き）を送信していることになります。このアクションのゴールは、カメを特定の方向に向けて回転させることです。亀が回転を完了す

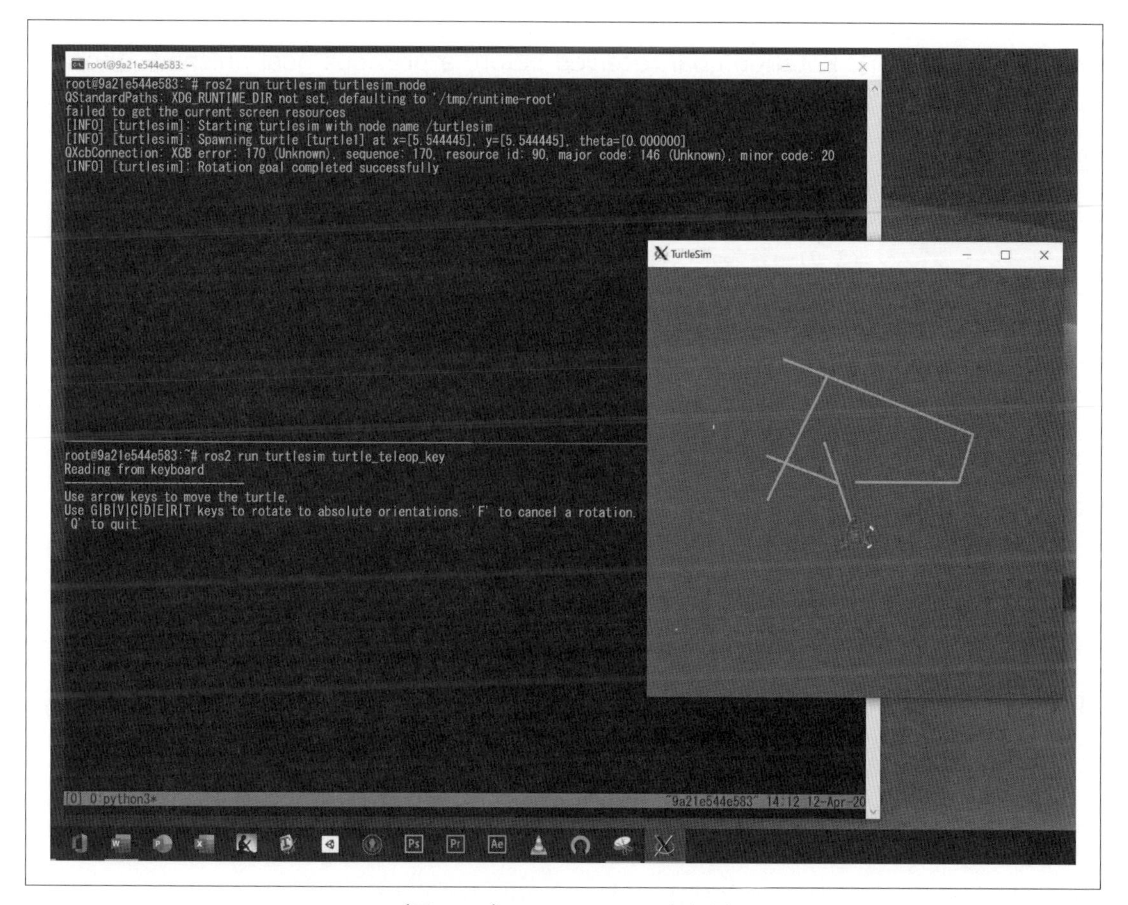

〔図 7-10〕アクションの実行例

ると、ゴールの結果を伝えるメッセージが表示されます（図7-10)。

Fキーを押すとゴールが途中でキャンセルされアクションが中断されます。/teleop_turtleノードを立ち上げた画面でCキーを押し、亀が回転している途中でFキーを押してみて下さい。「[INFO] [turtlesim]: Rotation goal canceled」というメッセージが表示されアクションが途中でキャンセルされたのがわかります。

アクションのキャンセルは上記のようにクライアント側（ここでは回転を指示する/teleop）以外にもサーバ側（ここでは/turtlesim）からも可能です。Dキーを押した直後に素早くGキーを押してみて下さい。ここでは、Dキーを押したアクションが終了していないため、2番目のアクションの指示（Gキー）がサーバによってキャンセルされ警告の文字列が表示されています。その後、最初のアクション（Dキー）が終了したことのメッセージが表示されます。

```
[WARN] [turtlesim]: Rotation goal received before a previous goal finished. Aborting previous goal
[INFO] [turtlesim]: Rotation goal completed successfully
```

7－7－2　アクションの一覧表示

新しい端末でros2 action listコマンドを実行すると、下記のように利用可能なサービスのリストが表示されます。

```
root@9a21e544e583:~# ros2 action list
/turtle1/rotate_absolute
```

同様に、-tのオプションを付けて実行すると下記の通り、アクションのタイプが表示されます。以下では、亀を指定した方向に向かせるアクションである/turtle1/rotate_absoluteのタイプはturtlesim/action/RotateAbsoluteだということがわかります。アクションのタイプは次節以降で紹介するコマンドラインやプログラムからアクションを実行する際に必要になります。

```
root@9a21e544e583:~# ros2 action list -t
/turtle1/rotate_absolute [turtlesim/action/RotateAbsolute]
```

７－７－３　アクションのインターフェースを知る

ここでは、アクションをどのように呼び出せばいいのかを ros2 interface show コマンドで調べてみます。

ros2 action list -t で確認したように、/turtle1/rotate_absolute アクションのタイプは turtlesim/action/RotateAbsolute でありことがわかります。そこで、下記のように実行し、turtlesim/action/RotateAbsolute がどのようなインターフェースを持つのかを調べます。

```
root@9a21e544e583:~# ros2 interface show turtlesim/action/RotateAbsolute.action
# The desired heading in radians
float32 theta
---
# The angular displacement in radians to the starting position
float32 delta
---
# The remaining rotation in radians
float32 remaining
```

「# The desired heading in radian」としてゴール theta（最終的な亀の向き）が小数型で定義され、「# The angular displacement in radians to the starting position」ではリザルト delta が同様に小数型で定義、「# The remaining rotation in radians」としてフィードバック remaining が小数型で定義されているのがわかります。

７－７－４　アクションの実行

アクションを実行するには ros2 action send_goal ＜アクション名＞ ＜アクションタイプ＞ ＜値＞ コマンドを利用します。

例えば、下記のように実行するとシミュレータ上の亀が画面に向かって上（ラジアンで 1.67 は度に変換して 90 度になります）を向きます。

```
root@9a21e544e583:~# ros2 action send_goal /turtle1/rotate_absolute turtlesim/
action/RotateAbsolute {'theta: 1.57'}
```

```
Waiting for an action server to become available...
Sending goal:
    theta: 1.57
Goal accepted with ID: a28222b94ecb46cbb9c7b743b4369c4d
Result:
   delta: -1.5520002841949463
Goal finished with status: SUCCEEDED
```

次に、アクションコマンドを実行する際に --feedback オプションを付けてみて下さい。今回は theta に -1.57 を与えているので先ほどは逆に亀が画面に向かって下を向くと思います。アクション実行中に Feedback としてその時点での亀の向きとゴールの向きの差分が表示されているのを確認して下さい。

```
root@9a21e544e583:~# ros2 action send_goal /turtle1/rotate_absolute turtlesim/action/RotateAbsolute {'theta: -1.57'} –feedback

Waiting for an action server to become available...
Sending goal:
    theta: -1.57
Feedback:
   remaining: -3.122000217437744
Goal accepted with ID: 410092c9daa84c0a82bc1a557c4185c6
Feedback:
   remaining: -3.1060004234313965
Feedback:
   remaining: -3.0900001525878906

(途中省略)

Feedback:
```

```
    remaining: -0.017999649047851562
Result:
    delta: 3.1040005683898926
Goal finished with status: SUCCEEDED
```

アクションは処理に時間のかかるタスクを実行し、定期的に処理状況をフィードバックし、処理の途中でキャンセルが可能な機能を提供します。ロボットシステムにおいてナビゲーション機能にはアクションが多用されています。ゴールとして移動先の位置や姿勢を与え移動している途中でフィードバックとして自己位置を常に更新して、最終的にゴールに到着した時には結果をメッセージとして送信するような機能を実現するのにはアクションが最適です。

7－8　Turtlesim で ROS2 の Launch を学ぶ

ここまで Turtlesim シミュレータを使って様々な ROS2 の機能を学んできました。ROS では複数の端末を開きそれぞれでノードを起動する必要がありますが、Turtlesim でもシミュレータ本体、キーボードで亀を動かすノード、Ubuntu のコマンドラインから ROS2 のコマンドと直接入力するための端末など最低でも 3 つの端末が必要になっていました。

そこで、ここでは ros2 launch コマンドを使った便利な機能を紹介します。

ros2 launch コマンドは launch ファイルと呼ぶ定義ファイルを書くことにより、複数の ROS2 ノードを起動したり、パラメータの値を起動時に設定したりすることが可能です。

7－8－1　launch ファイルの記述

ROS2 では Python 形式で launch ファイルを記述します。ROS1 での launch ファイルは XML 形式で書かれていましたが、ROS2 になって大きく変わりました。本書を執筆時点での ROS2 の最新バージョンでは従来の XML 形式をサポートするとのアナウンスがありましたが、公式サイトにも詳細な情報が無いので本書では Python 形式での launch ファイルの使い方を紹介します。

ソースコード 7.1 に Turtlesim シミュレータの環境を一括で起動する launch ファイルを示します。以下では launch ファイルの重要部分を抜粋して説明します。

ソースコード 7.1［Turtlesim シミュレータを起動する launch ファイル myTurtlesim.launch.py］

```
1  import launch.actions
2  import launch_ros.actions
3  from launch import LaunchDescription
4  from launch_ros.actions import Node
5
6  def generate_launch_description():
7    return LaunchDescription([
```

Launch（起動）時にメッセージを出力する

```
8      launch.actions.LogInfo(
9           msg="Launch turtlesim node and turtle_teleop_key node."),
```

Launch（起動）してから 3 秒後にメッセージを出力する

```
10      launch.actions.TimerAction(period=3.0,actions=[
11          launch.actions.LogInfo(
12              msg="It's been three minutes since the launch."),
13          ]),
```

Turtlesim シミュレータの起動

```
14      Node(
15          package='turtlesim',     パッケージ名
16          node_namespace='turtlesim',     ノードを起動する名前空間
17          node_executable='turtlesim_node',     ノードの実行フィル名
18          node_name='turtlesim',     ノード名
19          output='screen',  標準出力をコンソールに表示
```

パラメータの値を設定する

```
20          parameters=[{'background_r':255},
21                      {'background_g':255},
22                      {'background_b':0},]),
```

Turtlesim をキーボードで操作するノードの起動

```
23      Node(
24          package='turtlesim',     パッケージ名
25          node_namespace='turtlesim',     ノードを起動する名前空間
26          node_executable='turtle_teleop_key',     ノードの実行フィル名
27          node_name='teleop_turtle',     ノード名
```

turtle_teleop_key を xterm 上で実行する

```
28          prefix="xterm -e"
29      ),
30  ])
```

7－8－2　launch ファイルの実行

任意のディレクトリにソースコード 7.1 の内容を myTurtlesim.launch.py というファイル名で作って下さい。本書で用意した標準の開発環境をご利用の読者は、/root/tutrials/ にある launch ファイルを使うことができます。

以下では、/root/tutrials/myTurtlesim.launch.py を使う例で説明します。

初めに WinodwsOS のコマンドプロンプトから下記のように Docker コンテナを起動します。

```
C:¥docker-ros2-programming>run-container.bat
root@55cd8895307:~#
```

Docker コンテナが起動したら、下記のように予め用意した launch ファイルのあるディレクトリに移動してください。

```
root@55cd88953079:~# cd ~/tutrials/
root@55cd88953079:~/tutrials# ls
Dockerfile.py3  myTurtlesim.launch.py
root@55cd88953079:~/tutrials#
```

launch ファイルの実行には ros2 launch コマンドを使います。下記のように launch ファイル名（./myTurtlesim.launch.py）を指定して ros launch コマンドを実行して下さい。

```
root@55cd88953079:~/tutrials# ros2 launch ./myTurtlesim.launch.py
[INFO] [launch]: All log files can be found below /root/.ros/log/2020-05-03-11-57-
56-447572-55cd88953079-567
[INFO] [launch]: Default logging verbosity is set to INFO
[INFO] [launch.user]: Launch turtlesim node and turtle_teleop_key node.
[INFO] [turtlesim_node-1]: process started with pid [578]
[INFO] [turtle_teleop_key-2]: process started with pid [579]
[turtle_teleop_key-2] xterm: cannot load font "-Misc-Fixed-bold-R-*-*-13-120-75-
```

```
75-C-60-ISO8859-1"
[INFO] [launch.user]: It's been three minutes since the launch.
```

端末には起動時のメッセージ「Launch turtlesim node and turtle_teleop_key node.」と起動してから3秒後に表示されるメッセージ「It's been three minutes since the launch.」が正しく表示されていると思います。同時に、図7-11のようにTurtlesimのシミュレーション画面とxterm上に起動されたturtle_teleop_keyの画面が表示されるはずです。シミュレーション画面はlaunchファイルのパラメータで指定した通り黄色になっています。xtermの画面からキーボードで亀を動かしてみて下さい。

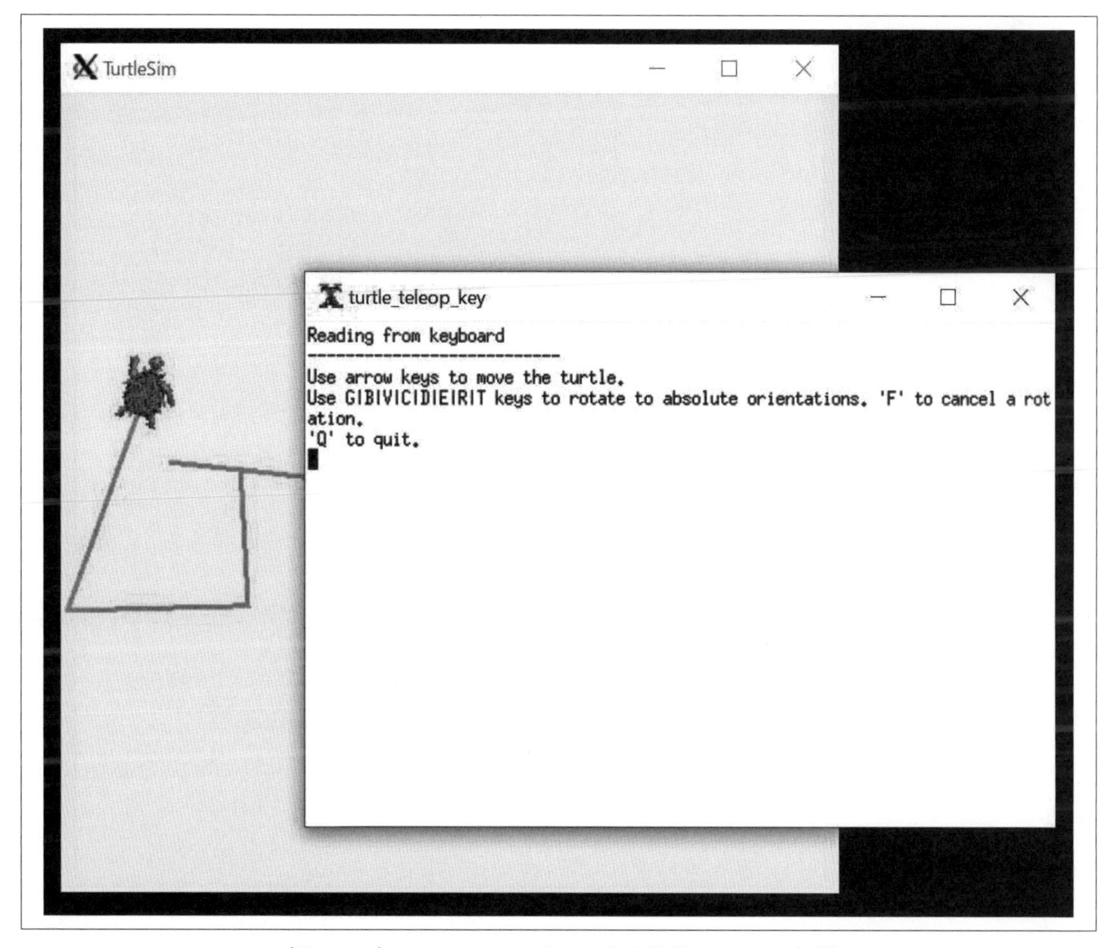

〔図7-11〕launchファイルによる複数ノードの起動

このように launch ファイルを使うと複数のノードを一括して起動したり、それぞれのノードのパラメタを起動時に変更することなどが容易になります。

8

Pythonで作るROS2プログラム

ROS2ではPython3言語用のクライアントライブラリであるrclpyを使ってプログラムを作成することができます。本章ではPython3によるROS2のプログラミング作成の手順を学びます。

８－１　ROS2公式サンプルプログラムを使ってみる

ROS2の公式サンプルリポジトリ[4]にはPython3で書かれた様々なプログラムが存在します。本書の開発環境をダウンロードし、Dockerイメージを使っている読者にはリポジトリからダウンロードしたサンプル一式がインストール、ビルドされ実行可能な状態になっています。予め用意されたワークスペース/root/ros2_ws/src/ros2_exampleを参照して下さい。

ここでは、本書で度々触れたノード間でメッセージの配信・購読を行うサンプルを実行してみます。既に何度も行っているように、WinodwsOSのコマンドプロンプトからDockerコンテナを起動し、ターミナルの仮想化ソフトのtmuxで端末を分割してください。準備ができたら、一方の端末で下記のように配信側のノードを起動して下さい。Hello Worldという文字列とそれに続く連番が画面に連続して表示されるとともに、トピックにメッセージを配信始めます。

```
root@3989bfeded4b:~# ros2 run examples_rclpy_minimal_publisher publisher_
local_function
[INFO] [minimal_publisher]: Publishing: "Hello World: 0"
[INFO] [minimal_publisher]: Publishing: "Hello World: 1"
[INFO] [minimal_publisher]: Publishing: "Hello World: 2"
[INFO] [minimal_publisher]: Publishing: "Hello World: 3"
[INFO] [minimal_publisher]: Publishing: "Hello World: 4"
[INFO] [minimal_publisher]: Publishing: "Hello World: 5"
[INFO] [minimal_publisher]: Publishing: "Hello World: 6"
(以下省略)
```

次に、もう一方の端末で購読側のノードを起動します。

```
root@3989bfeded4b:~# ros2 run examples_rclpy_minimal_subscriber subscriber_
lambda
[INFO] [minimal_subscriber]: I heard: "Hello World: 0"
[INFO] [minimal_subscriber]: I heard: "Hello World: 1"
```

[4] https://github.com/ros2/examples/tree/eloquent/rclpy

```
[INFO] [minimal_subscriber]: I heard: "Hello World: 2"
[INFO] [minimal_subscriber]: I heard: "Hello World: 3"
[INFO] [minimal_subscriber]: I heard: "Hello World: 4"
[INFO] [minimal_subscriber]: I heard: "Hello World: 5"
[INFO] [minimal_subscriber]: I heard: "Hello World: 6"
(以下省略)
```

実行結果を図 8-1 に示します。上側の端末で実行したプログラムから下側の端末で実行したプログラムにメッセージが配信されています。

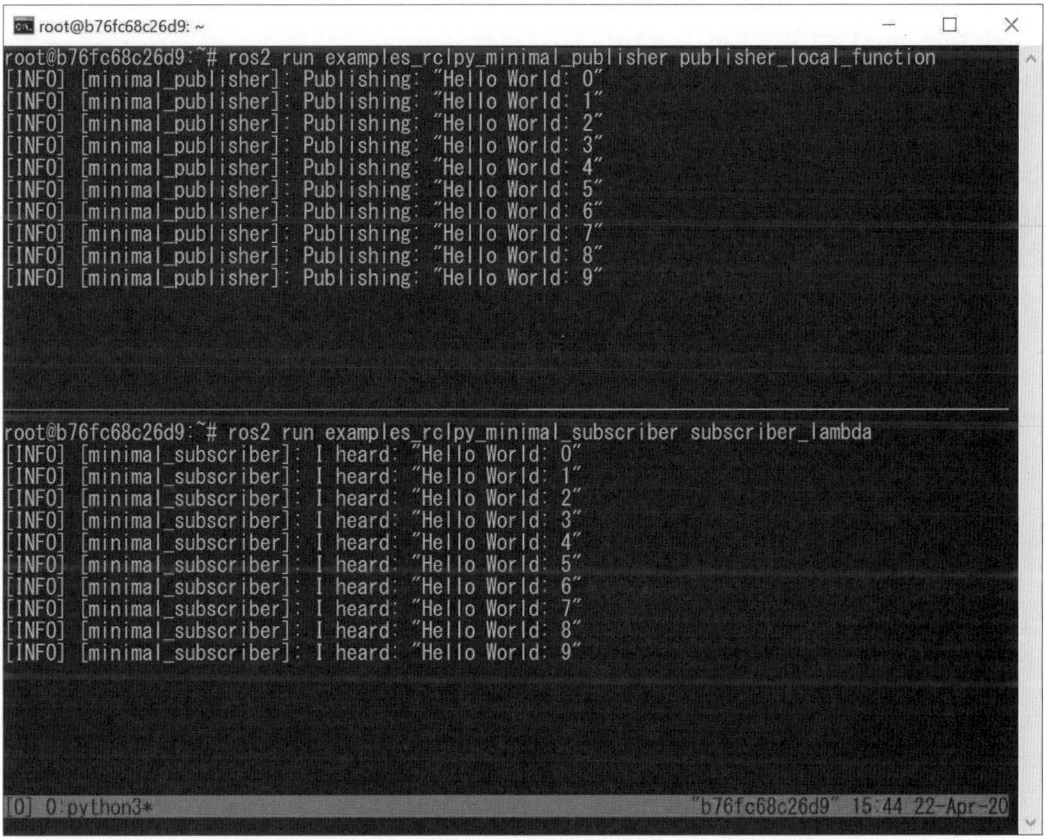

```
root@b76fc68c26d9: ~
root@b76fc68c26d9:~# ros2 run examples_rclpy_minimal_publisher publisher_local_function
[INFO] [minimal_publisher]: Publishing: "Hello World: 0"
[INFO] [minimal_publisher]: Publishing: "Hello World: 1"
[INFO] [minimal_publisher]: Publishing: "Hello World: 2"
[INFO] [minimal_publisher]: Publishing: "Hello World: 3"
[INFO] [minimal_publisher]: Publishing: "Hello World: 4"
[INFO] [minimal_publisher]: Publishing: "Hello World: 5"
[INFO] [minimal_publisher]: Publishing: "Hello World: 6"
[INFO] [minimal_publisher]: Publishing: "Hello World: 7"
[INFO] [minimal_publisher]: Publishing: "Hello World: 8"
[INFO] [minimal_publisher]: Publishing: "Hello World: 9"

root@b76fc68c26d9:~# ros2 run examples_rclpy_minimal_subscriber subscriber_lambda
[INFO] [minimal_subscriber]: I heard: "Hello World: 0"
[INFO] [minimal_subscriber]: I heard: "Hello World: 1"
[INFO] [minimal_subscriber]: I heard: "Hello World: 2"
[INFO] [minimal_subscriber]: I heard: "Hello World: 3"
[INFO] [minimal_subscriber]: I heard: "Hello World: 4"
[INFO] [minimal_subscriber]: I heard: "Hello World: 5"
[INFO] [minimal_subscriber]: I heard: "Hello World: 6"
[INFO] [minimal_subscriber]: I heard: "Hello World: 7"
[INFO] [minimal_subscriber]: I heard: "Hello World: 8"
[INFO] [minimal_subscriber]: I heard: "Hello World: 9"

[0] 0:python3*                                  "b76fc68c26d9" 15:44 22-Apr-20
```

〔図 8-1〕Python プログラムによるメッセージの配信・購読

8－1－1　メッセージ配信の Python プログラムを見る

ソースコード 8.1 にメッセージ配信のサンプルプログラムである publisher_local_function.py を示します。このプログラムは ROS2 公式サンプルサイト紹介されているプログラム[5]であり、本書の開発環境をインストールした読者の環境には /root/ros2_ws/src/ros2_examples/rclpy/topics/minimal_publisher/examples_rclpy_minimal_publisher/publisher_local_function.py としてインストールされています。以下ではプログラムの重要部分を抜粋して説明します。

ソースコード 8.1［メッセージ配信のサンプルプログラム　publisher_local_function.py］

```
1 import rclpy
2 from std_msgs.msg import String
3 def main(args=None):
4     rclpy.init(args=args)
```

minimal_publisher というノード名を作成します

```
5     node = rclpy.create_node('minimal_publisher')
```

String 型のメッセージを配信する /topic というトピックを作成します

```
6     publisher = node.create_publisher(String, 'topic', 10)
7     msg = String()
8     i = 0
```

定期的に呼ばれるコールバック関数を定義します。「Hello World」という文字列と通番を /topic に配信します。

```
9     def timer_callback():
10        nonlocal i
11        msg.data = 'Hello World: %d' % i
12        i += 1
13        node.get_logger().info('Publishing: "%s"' % msg.data)
14        publisher.publish(msg)
```

0.5 秒に一回、メッセージを配信します

[5] https://github.com/ros2/examples/blob/eloquent/rclpy/topics/minimal_publisher/examples_rclpy_minimal_publisher/publisher_local_function.py

```
15     timer_period = 0.5  # seconds
16     timer = node.create_timer(timer_period, timer_callback)
```

ループに入り、コール関数の割り込みを待ちます。

```
17     rclpy.spin(node)
```

プログラムの終了処理を行います。

```
18     node.destroy_timer(timer)
19     node.destroy_node()
20     rclpy.shutdown()
21
22 if __name__ == '__main__':
23     main()
```

8－1－2　メッセージ購読の Python プログラムを見る

ソースコード 8.2 にメッセージ購読のサンプルプログラムである subscriber_lambda.py を示します。このプログラムは ROS2 公式サンプルサイト紹介されているプログラム[6]であり、本書の開発環境をインストールした読者の環境には /root/ros2_ws/src/ros2_examples/rclpy/topics/minimal_subscriber/examples_rclpy_minimal_subscriber/subscriber_lambda.py としてインストールされています。以下ではプログラムの重要部分を抜粋して説明します。

ソースコード 8.2［メッセージ購読のサンプルプログラム　subscriber_lambda.py］

```
1 import rclpy
2 from std_msgs.msg import String
3
4 def main(args=None):
5 rclpy.init(args=args)
```

minimal_subcriber というノード名を作成します

[6] https://github.com/ros2/examples/blob/eloquent/rclpy/topics/minimal_subscriber/examples_rclpy_minimal_subscriber/subscriber_lambda.py

```
6 node = rclpy.create_node('minimal_subscriber')
```

String 型のメッセージを購読する /topic というトピックを作成し、メッセージを受け取ったときにデータを画面に表示するようにします。

```
7 subscription = node.create_subscription(
String, 'topic', lambda msg: node.get_logger().info('I heard: "%s"' % msg.data), 10)
8 subscription  # prevent unused variable warning
```

ループに入り、メッセージが配信されるのを待ちます。

```
9 rclpy.spin(node)
```

プログラムの終了処理を行います。

```
10 node.destroy_node()
11 rclpy.shutdown()
12
13 if __name__ == '__main__':
14     main()
```

８－２　トピックを使うプログラムの作成

ここでは前出の Turtlesim シミュレータ中の亀を Python プログラムから動かしてみます。

亀を動かすには Turtlesim ノードに実装されている cmd_vel トピックに亀の速度を配信します。 ROS2 のトピックに関しては既に本書で説明した 7.4 章を参照してください。パッケージはすでに前節まで作成しているので同じパッケージ内にプログラムを作成します。

ROS2 で自作のプログラムを作るには、以下の手順に従います。

（ア）ワークスペースの作成

（イ）パッケージの作成

（ウ）プログラムのコーディング

（エ）ビルド

（オ）実行

本書で使う Docker イメージにはすでに ~/ros2_ws というワークスペースが用意されています。ここではこのワークスペースの中にパッケージを作成して演習を進めます。読者自身のワークスペースを作りたい場合は ROS2 の公式チュートリアルを参考にして下さい。

では以下、順に Python プログラムを作っていきましょう。Docker イメージにはすでに「my_turtle_pkg」というパッケージ中に亀を動かすプログラムである「move_turtle.py」が用意してあります。読者の皆さんはこれとは異なるパッケージ名を作成して下さい。本書では説明のために「your_turtle_pkg」という名前のパッケージを作ります。

８－２－１　パッケージの作成

作業ディレクリである ~/ros2_ws/src/myProjects に移動します。

```
root@3989bfeded4b:~# cd ~/ros2_ws/src/myProjects
root@3989bfeded4b:~/ros2_ws/src/myProjects#
```

このディレクトリは読者がお使いの Windows ホストコンピュータの C:\docker-ros2-programming\myProjects にリンクしています。したがって、Docker コンテナの中での作業はコンテナを抜けても消えることなく保存されます。

次に ros2 pkg create コマンドでパッケージの作成を行います。ここでは、予めサンプルとして用意したパッケージ名（my_turtle_pkg）とは異なる your_turtle_pkg という名前でパッケージを作成しました。

```
root@3989bfeded4b:~/ros2_ws/src/myProjects# ros2 pkg create your_turtle_pkg
--dependencies rclcpy --build-type ament_python
going to create a new package
package name: your_turtle_pkg
destination directory: /root/myProjects
package format: 3
version: 0.0.0
description: TODO: Package description
maintainer: ['root <root@todo.todo>']
licenses: ['TODO: License declaration']
build type: ament_python
dependencies: ['rclcpy']
creating folder ./your_turtle_pkg
creating ./your_turtle_pkg/package.xml
creating source folder
creating folder ./your_turtle_pkg/your_turtle_pkg
creating ./your_turtle_pkg/setup.py
creating ./your_turtle_pkg/setup.cfg
creating folder ./your_turtle_pkg/resource
creating ./your_turtle_pkg/resource/your_turtle_pkg
creating ./your_turtle_pkg/your_turtle_pkg/__init__.py
creating folder ./your_turtle_pkg/test
creating ./your_turtle_pkg/test/test_copyright.py
creating ./your_turtle_pkg/test/test_flake8.py
```

```
creating ./your_turtle_pkg/test/test_pep257.py
```

エラーがでなければ下記のようにディレクトリやファイルが生成されているはずです。

```
~/ros2_ws/src/myProjects/
  |-- your_turtle_pkg
      |-- package.xml
      |-- resource
          |-- your_turtle_pkg
      |-- setup.cfg
      |-- setup.py
      |-- test
          |-- test_copyright.py
          |-- test_flake8.py
          |-- test_pep257.py
      |-- your_turtle_pkg
          |-- __init__.py
```

8－2－2　プログラムの作成

Python プログラムは ~/ros2_ws/src/myProjects/your_turtle_pkg/your_turtle_pkg フォルダの中に作成します。

ソースコード 8.3 にシミュレーションの亀を円を描くように動かす Python プログラムを示します。以下ではプログラムの重要部分を抜粋して説明します。

ソースコード 8.3 [Turtlesim の亀を動かす Python プログラム　moveTurtle.py]

```
1 # -*- coding: utf-8 -*-
2 import rclpy
3 from rclpy.node import Node
4 from geometry_msgs.msg import Twist
5 from turtlesim.msg import Pose
```

```
6  class MoveTurtle(Node):
7      def __init__(self):
```

/ turtlesim_move という名のノードを作成します

```
8          super().__init__('turtlesim_move')
```

Twist 型のメッセージを配信する /turtle1/cmd_vel というトピックを作成します

```
9          self.pub = self.create_publisher(Twist, '/turtle1/cmd_vel', 10)
```

定期的に呼ばれるコールバック関数を定義します。定期的に呼ばれて亀の速度を配信します。

```
10         self.tmr = self.create_timer(1.0, self.timer_callback)
```

/turtle1/poose からメッセージを購読する準備を行います。メッセージが配信されたときに実行されるコールバック関数の pose_callback を登録します。

```
11   self.sub = self.create_subscription(Pose, '/turtle1/pose', self.pose_callback, 10)
12
```

メッセージが配信さたときに呼ばれるコールバック関数を定義します。

```
13     def pose_callback(self, msg):
```

位置と姿勢を画面に表示します。

```
14     self.get_logger().info('(x,y,theta):[%f %f %f]' % (msg.x,msg.y,msg.theta ))
```

定期的に呼ばれるコールバック関数を定義します。

```
15     def timer_callback(self):

16         msg = Twist()
```

並進方向の速度の x 成分を設定します

```
17         msg.linear.x=1.0
```

```
```

回転方向の速度の z 成分を設定します

```
18          msg.angular.z=0.5
```

メッセージを配信します

```
19          self.pub.publish(msg)


20  def main(args=None):
21      rclpy.init(args=args)
22      move=MoveTurtle()
23      rclpy.spin(move)
24
25  if __name__ == '__main__':
26      main()
```

8－2－3　設定ファイルの編集

パッケージのビルドの前に設定ファイルの一つである /ros2_ws/src/myProjects/your_turtle_pkg/setup.py を編集します。ここではテキストエディタの nano で setup.py を編集します。

```
root@8922a23da21e:~# cd ~/ros2_ws/src/myProjects/your_turtle_pkg/
root@8922a23da21e:~/ros2_ws/src/myProjects/your_turtle_pkg# nano setup.py
```

図 8-2 のように setup.py ファイルの 23 行目に「'move = your_turtle_pkg.moveTurtle:main' ,」の一行を加えます。entry_points とは実行するファイルと関数を指定する命令で、上記のように指定すると ros2 run コマンドで your_turtle_pkg パッケージの move を実行すると、your_turtle_pkg フォルダにある moveTurtle.py の中の main 関数を呼び出すということを意味します。

8－2－4　ビルド

ROS2 では colcon コマンドによりパッケージをビルドします。特定のパッケージだけをビルドするオプションを付けて下記のようにビルドコマンドを実行します。ビルドコマンドは

~/ros2_ws にカレントディレクトリを移動してから実行して下さい。

```
root@8922a23da21e:~# cd ~/ros2_ws/
root@8922a23da21e:~/ros2_ws# colcon build --packages-select your_turtle_pkg
Starting >>> your_turtle_pkg
Finished <<< your_turtle_pkg [0.54s]
Summary: 1 package finished [0.73s]
```

```
root@ed73f29f620d: ~
GNU nano 2.9.3                    setup.py

 1 from setuptools import setup
 2
 3 package_name = 'my_turtle_pkg'
 4
 5 setup(
 6     name=package_name,
 7     version='0.0.0',
 8     packages=[package_name],
 9     data_files=[
10         ('share/ament_index/resource_index/packages',
11             ['resource/' + package_name]),
12         ('share/' + package_name, ['package.xml']),
13     ],
14     install_requires=['setuptools'],
15     zip_safe=True,
16     maintainer='root',
17     maintainer_email='root@todo.todo',
18     description='TODO: Package description',
19     license='TODO: License declaration',
20     tests_require=['pytest'],
21     entry_points={
22         'console_scripts': [
23                 'move=my_turtle_pkg.moveTurtle:main',
24         ],
25     },
26 )
27

                         [ Read 26 lines ]
^G Get Help   ^O Write Out  ^W Where Is   ^K Cut Text   ^J Justify    ^C Cur Pos
^X Exit       ^R Read File  ^¥ Replace    ^U Uncut Text ^T To Linter  ^_ Go To Line
[0] 0:nano*                                  "ed73f29f620d" 16:49 02-May-20
```

〔図 8-2〕setup.py ファイルの編集（move）

エラーがでなければビルドは正常に終了しています。ビルドが正常に終了したら忘れずに下記のコマンドを実行してください。

```
root@8922a23da21e:~# source ~/ros2_ws/install/setup.bash
```

8－2－5　実行

ビルドしたプログラムを実行してみます。tutlesim_node ノードがを立ち上がっているのを確認して下さい。別の端末で下記のようにプログラムを実行します。

```
root@8922a23da21e:~# ros2 run your_turtle_pkg move
[INFO] [turtlesim_move]: (x,y,theta):[6.833243 9.066833 2.431950]
[INFO] [turtlesim_move]: (x,y,theta):[6.833243 9.066833 2.431950]
[INFO] [turtlesim_move]: (x,y,theta):[6.833243 9.066833 2.431950]
[INFO] [turtlesim_move]: (x,y,theta):[6.833243 9.066833 2.431950]
[INFO] [turtlesim_move]: (x,y,theta):[6.833243 9.066833 2.431950]
(以下省略)
```

図 8-3 に示すように、シミュレータ上の亀が円を描いて移動します。プログラムを修正し、与える速度を変えてみて亀の軌跡がどうなるかを試して下さい。

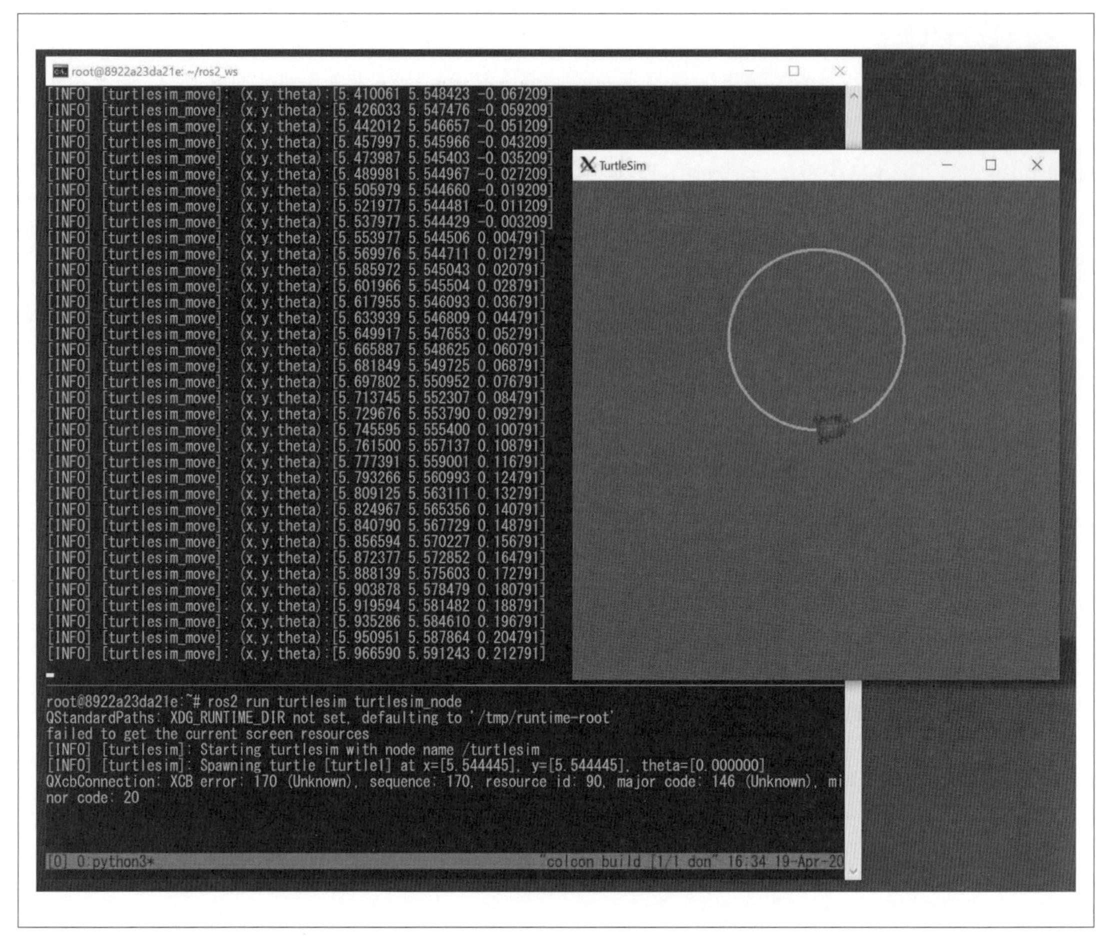

〔図 8-3〕Python プログラムから亀を動かす

８－３　サービスを使うプログラムの作成

サービスを使う Python プログラムを作成してみましょう。

ここでは Turtlesim シミュレータ上にもう一匹の亀を追加します。新しい亀を追加するには Turtlesim ノードに実装されている /spawn サービスを使用します。ROS2 のサービスに関しては既に本書で説明した 7-5 章を参照してください。パッケージはすでに前節まで作成しているので同じパッケージ内にプログラムを作成します

８－３－１　プログラムの作成

今回も Python プログラムは ~/ros2_ws/src/myProjects/your_turtle_pkg/your_turtle_pkg フォルダの中に作成します。

ソースコード 8.3 にシミュレーション上にもう一匹の亀を生成する Python プログラムを示します。以下ではプログラムの重要部分を抜粋して説明します。

ソースコード 8.3 [Turtlesim の亀を生成する Python プログラム　spawnTurtle.py]

```
1  import rclpy
2  from turtlesim.srv import Spawn
3
4  def main(args=None):
5      rclpy.init(args=args)
```

spawn_client という名のノードを作成します。

```
6      node = rclpy.create_node('spawn_client')
```

Spwan というサービスのクライアントノード /spawn を作成します。

```
7      client = node.create_client(Spawn, '/spawn')
8
```

サービスを呼び出す設定をします。

```
9      req = Spawn.Request()
```

新しく亀を生成する場所の x 座標を指定します。

```
10      req.x = 2.0             #x 座標
```

新しく亀を生成する場所の y 座標を指定します。

```
11      req.y = 2.0             #y 座標
```

新しく生成する亀の姿勢を指定します。

```
12      req.theta = 0.2         # 姿勢
```

新しく生成する亀の名前を指定します。

```
13      req.name = 'new_turtle' # 新しい亀の名前
14
```

サービスが開始されるまで待ちます

```
15      while not client.wait_for_service(timeout_sec=1.0):
16          node.get_logger().info('service not available, waiting again...')
```

サービスを非同期に呼び出します

```
17      future = client.call_async(req)
18      rclpy.spin_until_future_complete(node, future)
19      try:
20          result = future.result()
21      except Exception as e:
22          node.get_logger().info('Service call failed %r' % (e,))
```

サービス呼び出しが成功した時にメッセージを表示します。

```
23      else:
24          node.get_logger().info(
'Result of x, y,theta, name: %f %f %f %s' %
(req.x, req.x, req.theta, result.name))
```

プログラムの終了処理を行います。

```
25      node.destroy_node()
26      rclpy.shutdown()
27
28  if __name__ == '__main__':
29      main()
```

8－3－2　設定ファイルの編集

パッケージのビルドの前に設定ファイルの一つである /ros2_ws/src/myProjects/your_turtle_pkg/setup.py を編集します。ここではテキストエディタの nano で setup.py を編集します。

前節で修正した setup.py の 24 行目に「'spawn=my_turtle_pkg.spawnTurtle:main',」の一行を加えます（図 8-4 を参照）。

8－3－3　ビルド

8-2-4 と同様に colcon コマンドで下記のようにビルドしてください。

```
root@8922a23da21e:~# cd ~/ros2_ws/
root@8922a23da21e:~/ros2_ws# colcon build --packages-select your_turtle_pkg
Starting >>> your_turtle_pkg
Finished <<< your_turtle_pkg [0.54s]
Summary: 1 package finished [0.73s]
```

エラーがでなければビルドは正常に終了しています。ビルドが正常に終了したら忘れずに下記のコマンドを実行してください。

```
root@8922a23da21e:~# source ~/ros2_ws/install/setup.bash
```

8－3－4　実行

ビルドしたプログラムを実行してみます。tutlesim_node ノードが立ち上がっているのを確認して下さい。別の端末で下記のようにプログラムを実行します。

```
root@8922a23da21e:~# ros2 run your_turtle_pkg spawn
[INFO] [spawn_client]: Result of x, y,theta, name: 2.000000 2.000000 0.200000
new_turtle
```

図 8-5 に示すように、新しい亀がプログラムで指定した場所に現れました。プログラムを修正し、亀の位置や姿勢を変えて試してみて下さい。7.5 章では /spawn サービスの他に /clear や /kill、/reset などの Turtlesim ノードに実装されているサービスを紹介しました。これらのサー

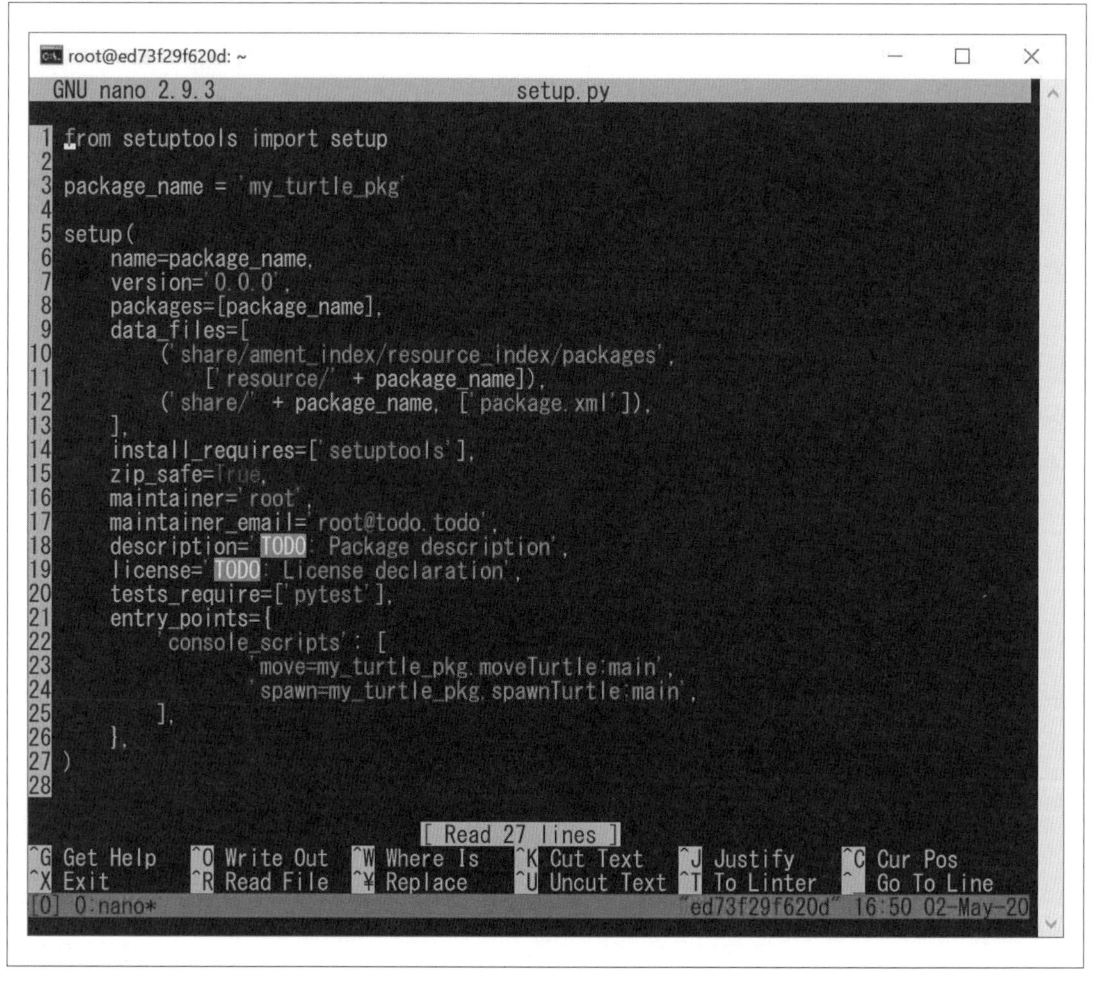

〔図 8-4〕setup.py ファイルの編集（spawn）

ビスもここで紹介したPython プログラムを修正すれば実行が可能です。また、teleop_turtle ノードにもいくつかのサービスが実装されています、これらのサービスもPython プログラムから使ってみることに挑戦してみて下さい。

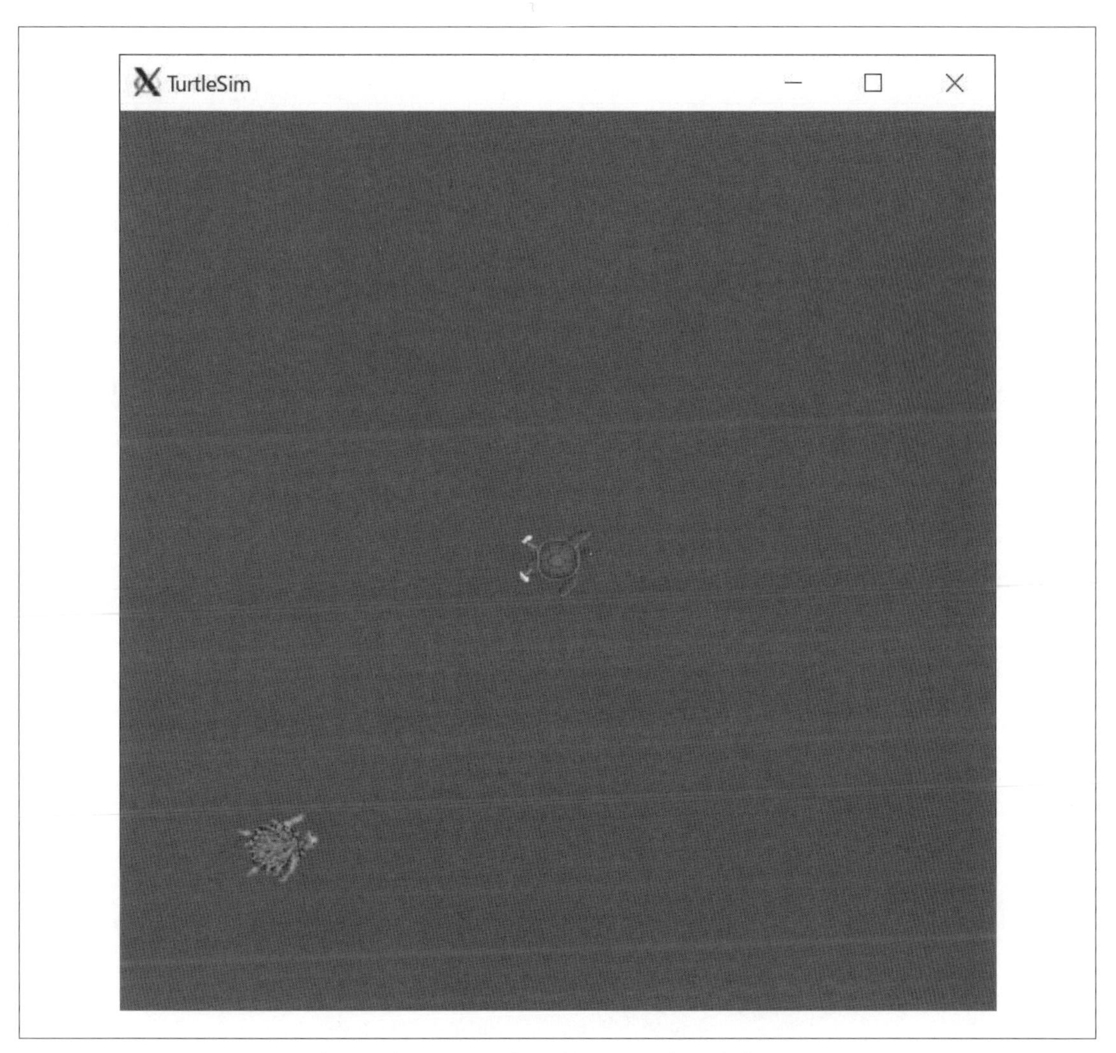

〔図 8-5〕Python プログラムから亀を生成する

8－4　パラメータを使うプログラムの作成

パラメータを使う Python プログラムを作成してみましょう。

ここでは Turtlesim シミュレータの画面の色を変えてみます。画面の色は Turtlesim ノードに実装されている三つのパラメータ、画面の青成分（background_b)、画面の緑成分（background_g)、画面の赤成分（background_r）で指定されています。ROS2 のパラメータに関しては既に本書で説明した 7.6 章を参照してください。パッケージはすでに前節まで作成しているので同じパッケージ内にプログラムを作成します。

8－4－1　プログラムの作成

今回も Python プログラムは ~/ros2_ws/src/myProjects/your_turtle_pkg/your_turtle_pkg フォルダの中に作成します。

ソースコード 8.4 にシミュレーション画面のバックグラウンドの色を変更する Python プログラムを示します。以下ではプログラムの重要部分を抜粋して説明します。

ソースコード 8.4 [バックグラウンドの色を変更する Python プログラム　bg_paramTurtle.py]

```
1  import rclpy
2  from rclpy.node import Node
3  from rcl_interfaces.msg import Parameter, ParameterType, ParameterValue
4  from rcl_interfaces.srv import GetParameters
5  from rcl_interfaces.srv import SetParameters

6 class Bg_Param(Node):
7     def __init__(self):
8         super().__init__('cg_turtle')
9
```

パラメータを変更するための関数定義

```
10     def setParam(self,red,green,blue):
```

パラメータを変更する準備をします

```
11        client = self.create_client(
12            SetParameters,
13            '/turtlesim/set_parameters'.format_map(locals()))
```

サービスが開始されるのを待ちます。

```
14        ready = client.wait_for_service(timeout_sec=5.0)
15        if not ready:
16            raise RuntimeError('Wait for service timed out')

17        req = SetParameters.Request()
18
```

バックグラウンドの色の赤成分の設定をします

```
19        param = Parameter()
20        param.name = "background_r"
21        param.value.type = ParameterType.PARAMETER_INTEGER
22        param.value.integer_value = red
23        req.parameters.append(param)
```

バックグラウンドの色の緑成分の設定をします

```
25        param = Parameter()
26        param.name = "background_g"
27        param.value.type = ParameterType.PARAMETER_INTEGER
28        param.value.integer_value = green
29        req.parameters.append(param)
```

バックグラウンドの色の青成分の設定をします。

```
31        param = Parameter()
32        param.name = "background_b"
33        param.value.type = ParameterType.PARAMETER_INTEGER
```

```
34          param.value.integer_value = blue
35          req.parameters.append(param)
36
```

サービスを非同期に呼び出します

```
37          future = client.call_async(req)
38
```

パラメータの値を取得して表示するための関数定義

```
39      def getParam(self):
```

パラメータの値を取得して表示するための準備をします。

```
40          client = self.create_client(
41              GetParameters,
42              '/turtlesim/get_parameters'.format_map(locals()))
```

サービスが開始されるのを待ちます。

```
43          ready = client.wait_for_service(timeout_sec=5.0)
44          if not ready:
45              raise RuntimeError('Wait for service timed out')
46
```

サービスを非同期に呼び出します

```
47          request = GetParameters.Request()
48          request.names = ["background_r","background_g","background_b"]
49          future = client.call_async(request)
50          rclpy.spin_until_future_complete(self, future)
51
```

結果を表示します

```
52        response = future.result()
53        if response is None:
54            e = future.exception()
55            raise RuntimeError(
56                'Exception while calling service of node '
57                "'{args.node_name}': {e}".format_map(locals()))
58
```

得られたパラメータの値を端末に表示します。

```
59        print('background_r:',response.values[0].integer_value)
60        print('background_g:',response.values[1].integer_value)
61        print('background_b:',response.values[2].integer_value)
62
63 def main(args=None):
64    rclpy.init(args=args)
65
66    param_client = Bg_Param()
```

パラメータの値を設定します

バックグラウンドの色の赤成分を 0、緑成分を 100、青成分を 200 に変更します

```
67    param_client.setParam(0,10,100)
```

パラメータの現在の値を取得して表示します

```
68    param_client.getParam()
69
70 if __name__ == '__main__':
72    main()
```

8－4－2　設定ファイルの編集

パッケージのビルドの前に設定ファイルの一つである /ros2_ws/src/myProjects/your_turtle_ pkg/setup.py を編集します。ここではテキストエディタの nano で setup.py を編集します。

前節で修正した setup.py の 25 行目に「'bg_color=my_turtle_pkg. bg_paramTurtle:main',」の一行を加えます（図 8-6 を参照）。

8－4－3　ビルド

前節までと同様に colcon コマンドで下記のようにビルドしてください。

```
root@ed73f29f620d: ~
 GNU nano 2.9.3                        setup.py

 1 from setuptools import setup
 2
 3 package_name = 'my_turtle_pkg'
 4
 5 setup(
 6     name=package_name,
 7     version='0.0.0',
 8     packages=[package_name],
 9     data_files=[
10         ('share/ament_index/resource_index/packages',
11             ['resource/' + package_name]),
12         ('share/' + package_name, ['package.xml']),
13     ],
14     install_requires=['setuptools'],
15     zip_safe=True,
16     maintainer='root',
17     maintainer_email='root@todo.todo',
18     description='TODO: Package description',
19     license='TODO: License declaration',
20     tests_require=['pytest'],
21     entry_points={
22         'console_scripts': [
23                 'move=my_turtle_pkg.moveTurtle:main',
24                 'spawn=my_turtle_pkg.spawnTurtle:main',
25                 'bg_color=my_turtle_pkg.bg_paramTurtle:main',
26         ],
27     },
28 )
29
                              [ Read 28 lines ]
^G Get Help   ^O Write Out  ^W Where Is   ^K Cut Text   ^J Justify    ^C Cur Pos
^X Exit       ^R Read File  ^¥ Replace    ^U Uncut Text ^T To Linter  ^_ Go To Line
[0] 0:bash*                                  "ed73f29f620d" 16:51 02-May-20
```

〔図 8-6〕 setup.py ファイルの編集（bg_color）

```
root@8922a23da21e:~# cd ~/ros2_ws/
root@8922a23da21e:~/ros2_ws# colcon build --packages-select your_turtle_pkg
Starting >>> your_turtle_pkg
Finished <<< your_turtle_pkg [0.54s]
Summary: 1 package finished [0.73s]
```

エラーがでなければビルドは正常に終了しています。ビルドが正常に終了したら忘れずに下記のコマンドを実行してください。

```
root@8922a23da21e:~# source ~/ros2_ws/install/setup.bash
```

8－4－4　実行

ビルドしたプログラムを実行してみます。tutlesim_node ノードが立ち上がっているのを確認して下さい。別の端末で下記のようにプログラムを実行します。

```
root@8922a23da21e:~# ros2 run your_turtle_pkg bg_color
background_r: 0
background_g: 10
background_b: 100
```

シミュレータ画面が初期の水色から紺色に変化したはずです。プログラムを修正して、シミュレータ画面の色を変えてみて下さい。

8－5　アクションを使うプログラムの作成

アクションを使う Python プログラムを作成してみましょう。亀を回転させるには Turtlesim ノードに実装されている rotate_absolute アクションを利用します。ROS2 のアクションに関しては既に本書で説明した 7.7 章を参照してください。

パッケージはすでに前節まで作成しているので同じパッケージ内にプログラムを作成します。

8－5－1　プログラムの作成

今回も Python プログラムは ~/ros2_ws/src/myProjects/your_turtle_pkg/your_turtle_pkg フォルダの中に作成します。

ソースコード 8.5 にシミュレーション画面の亀の向きを変える Python プログラムを示します。以下ではプログラムの重要部分を抜粋して説明します。

ソースコード 8.5［亀の向きを変える Python プログラム　rotateTurtle.py］

```
1  import rclpy
2  from rclpy.node import Node
3  from rclpy.action import ActionClient
4  from turtlesim.action import RotateAbsolute
5
6  class RotateTurtle(Node):
7  def __init__(self):
8  super().__init__('rotate_turtle')
9
```

アクションを呼び出すための準備

```
10  self._action_client = ActionClient(
11  self, RotateAbsolute, '/turtle1/rotate_absolute')
12
```

アクションにゴールを送る関数の定義

```
13  def send_goal(self, theta):
14
```

アクションに送るメッセージ

```
15 goal_msg = RotateAbsolute.Goal()
16
```

亀の角度を指定する

```
17 goal_msg.theta = theta
18
```

アクションサーバが開始されるのを待ちます。

```
19 self._action_client.wait_for_server()
20
```

アクションサーバに非同期にゴールを送ります

```
21 self._action_client.send_goal_async(goal_msg)
22
23 def main(args=None):
24 rclpy.init(args=args)
25
26 action_client = RotateTurtle()
27
```

目標となる亀の姿勢を送ります

```
28 theta=0.0
29 action_client.send_goal(theta)
30
31 if __name__ == '__main__':
32 main()
```

8－5－2　設定ファイルの編集

パッケージのビルドの前に設定ファイルの一つである /ros2_ws/src/myProjects/your_turtle_pkg/setup.py を編集します。ここではテキストエディタの nano で setup.py を編集します。

前節で修正した setup.py の 26 行目に「'rotate=my_turtle_pkg. rotateTurtle:main',」の一行を加えます（図 8-7 を参照）。

8－5－3　ビルド

前節までと同様に colcon コマンドで下記のようにビルドしてください。

```
root@8922a23da21e:~# cd ~/ros2_ws/
root@8922a23da21e:~/ros2_ws# colcon build --packages-select your_turtle_pkg
Starting >>> your_turtle_pkg
Finished <<< your_turtle_pkg [0.65s]
Summary: 1 package finished [0.84s]
```

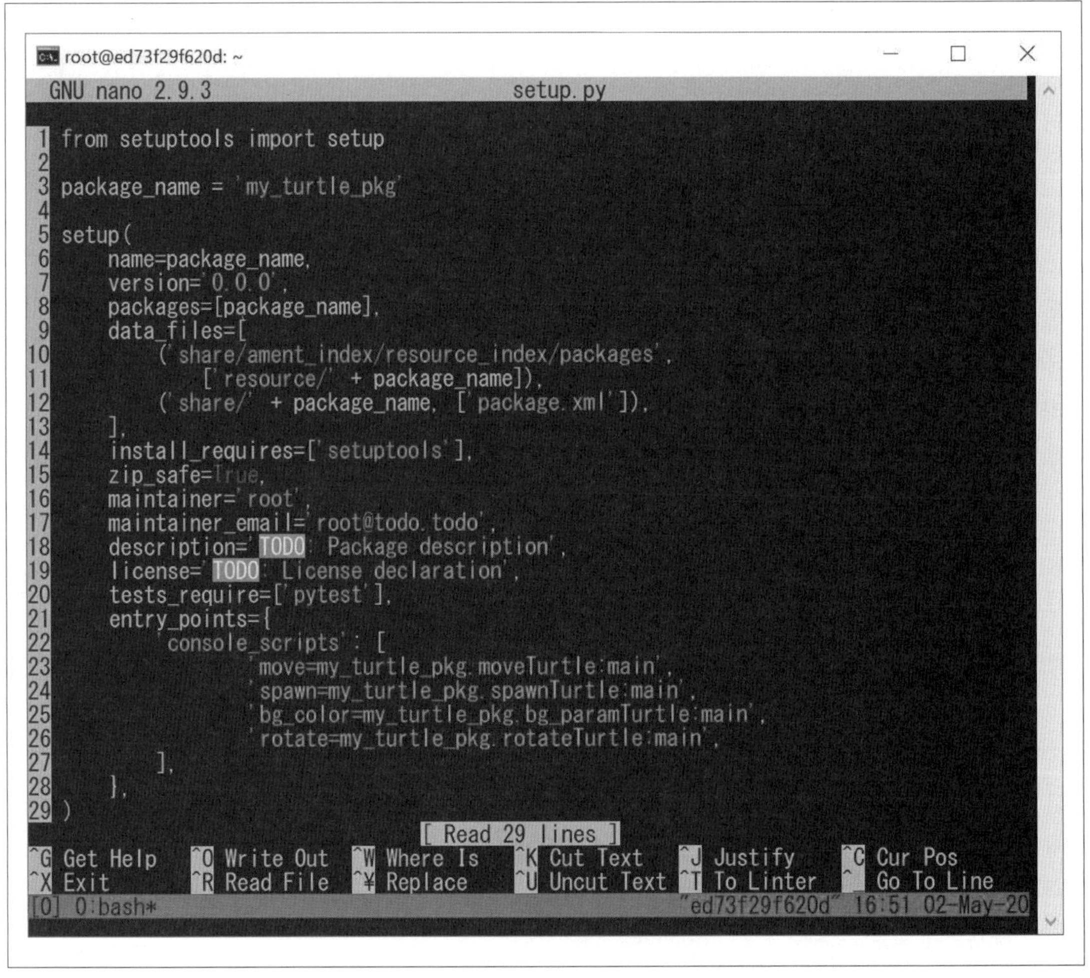

〔図 8-7〕setup.py ファイルの編集（rotate）

エラーがでなければビルドは正常に終了しています。ビルドが正常に終了したら忘れずに下記のコマンドを実行してください。

```
root@8922a23da21e:~# source ~/ros2_ws/install/setup.bash
```

8－5－4　実行

ビルドしたプログラムを実行してみます。tutlesim_node ノードが立ち上がっているのを確認して下さい。別の端末で下記のようにプログラムを実行します。

```
root@8922a23da21e:~# ros2 run your_turtle_pkg rotate
```

図 8-8 のようにシミュレータ上の亀が指定した角度に向きを変えたはずです。プログラムを修正して、亀の角度を変化させてみて下さい。

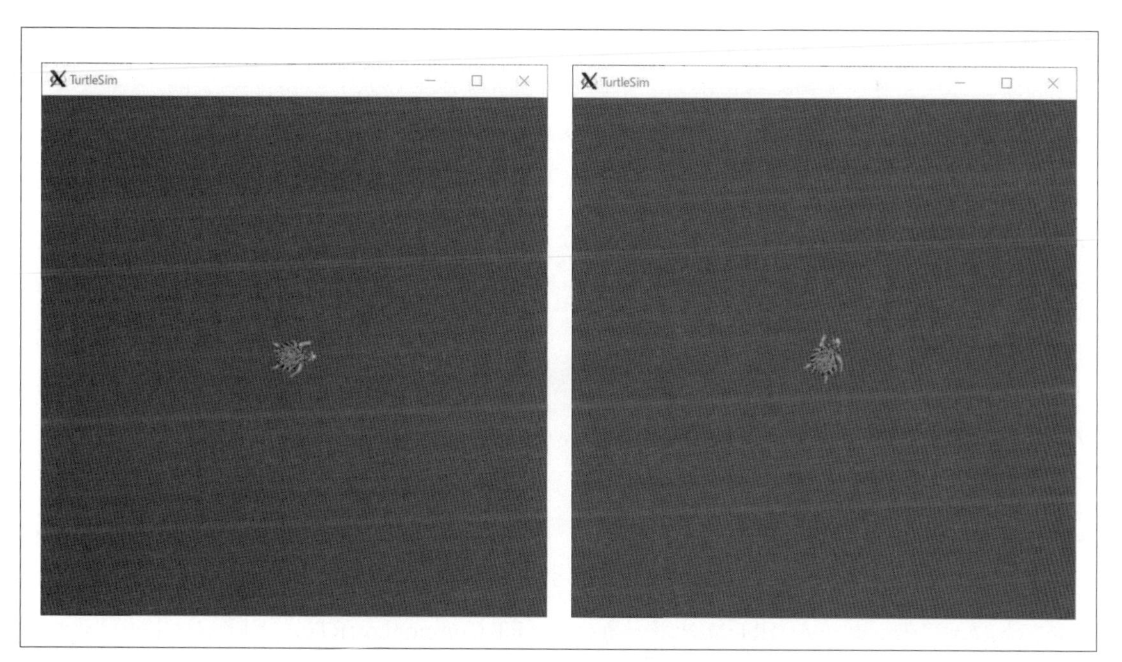

〔図 8-8〕Python プログラムから亀の向きを変える

[コラム2]

ロボットミドルウェア

ROSはRobot Operating System（ロボットオペレーティングシステム）という名前が付けられていますが、WindowsOSやmacOSなどのようなコンピュータの基本的な制御（オペレーション）を司るオペレーティングシステム（OS）とは異なり、OSと各種の業務処理を行うアプリケーションソフトウェアとの中間に入るミドルウェアと言うほうが適切です。

読者の皆さんはロボットと聞くと何を思い浮かべますか？ロボットと一言で言ってもとても幅広く、アニメに登場する鉄腕アトムやドラえもんから、映画の主人公であるターミネーターやロボコップなど仮想の登場人（？）物でしょうか。それとも、最近街中で見かけるペッパーやペットロボットのアイボなどを想像する読者もいると思います。さらには、工場で車を組み立てたり、工事現場で思い鉄鋼を運んでいるアーム付きの重機もロボットの一種です。日本政府はロボットを「1. センサ、2. 知能・制御系、3. 駆動系の3つの要素技術を有する、知能化した機械システム」（『ロボット政策研究会報告書』平成18年5月）と定義していて、皆さんが思い浮かべたロボットはすべてロボットに分類されると言っていいでしょう。

このように、カメラ、マイクや他のセンサが組み込まれ、入力されたデータを絶え間なくソフトウェアが処理し、処理結果に従ってモータを動かす必要があるのがロボットですが、そのシステム開発を効率的に行うのがミドルウェアなのです。

ロボットミドルウェアを使うことで、ユーザプログラムの再利用性が向上する、豊富なデバッグ機能により信頼性やメンテナンス性が向上する、多くの部品（センサ、アクチュエータ）を相互接続が容易になる、などロボット開発を加速させる効果が期待できます。

本書では現在、世界で一番ユーザの多いロボットミドルウェアであるROSを学びました。もちろんROS以外にもマイクロソフト社製のMicrosoft Robotic StudioやSONYのアイボ用に開発されたOPEN-R、RSNP（Robot Service Network Protocol）など数多くのロボットミドルウェアが開発されています。

このコラムでは日本発のロボットミドルウェアであるRTミドルウェア（RT-Middleware: RTM）を紹介します。RTMはロボット分野のアプリケーションに広く共通的に使われる機能をソフトウェアモジュール（RTコンポーネント（RT-Component:RTC）と呼ぶ）化し、それらRTC同士を分散オブジェクトとして相互に結合したシステムを構築する枠組みです。ROSや先に紹介したMicrosoft Robotic Studioは海外のユーザが多く日本語での参考資料が少ないのですが、RTMは日本の産業技術総合研究所が中心になって開発・普及を行っていることもあり日本語のWebサイトやドキュメントが充実しているのも特徴です。また、ROSではROS2になって初めてLinux以外のプラットフォームにも対応したのに対し、RTMは日本のロボット開発者になじみの深いWindowsOSでの開発環境も標準で用意されています。

図は産業技術総合研究所のサイト（https://www.openrtm.org/openrtm/ja/project/urrobotocontrollerrtc）に紹介されているRTCの一つです。汎用ロボットアームとしてよく使われるUniversal Robots社製のアームUR5を制御するためのコンポーネントです。ユーザはこのRTCに適切な入力（希望するアームの位置や姿勢）するだけで簡単に実機アームを制御することができます。従来の

ロボットアーム Universal Robots UR5 制御コンポーネント

ように開発元から入手したマニュアルを読んで、独自のスクリプト言語でロボット制御のプログラムを書くことなく、簡単にロボットアームを使うことが可能です。

産業技術総合研究所のサイト（https://www.openrtm.org/openrtm/ja）にはこのようなコンポーネントやプロジェクトの例が多数掲載され誰でもがダウンロードして簡単に試すことができます。読者の皆さんも是非一度Webサイトをご覧になってください。RT-ミドルウェアに興味を持った方には「OpenRTM-aistを10分で始めよう！」のセクションで初心者がすぐに試せるチュートリアルが用意されています。

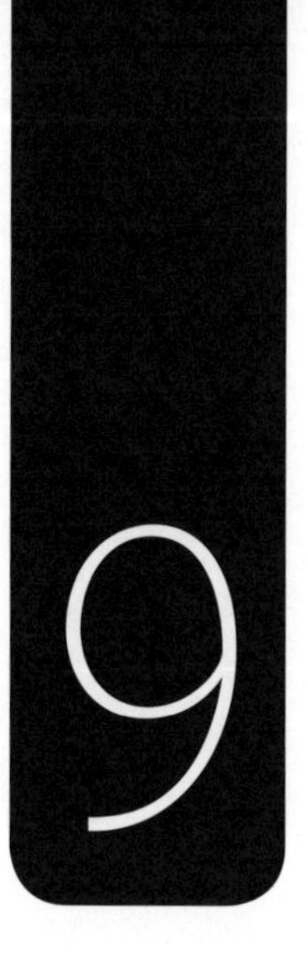

Turtlebot3を シミュレータで動かす

Turtlebot3（図 9-1 以下、TB3）は株式会社ロボティズが開発・販売するモバイルロボティクス教育向けのプラットフォームロボットであり、小型で机上のような狭い場所で動かせること、持ち運びやすさを考慮して開発されています。モジュラー型のサーボモーターを採用し、組立やメンテナンス用意で利用者が独自のセンサなどを加えてカスタマズすることも容易です。また、ROS2 をベースにして様々なオープンソースソフトウェアが開発リポジトリ上で提供されており、ダウンロードしたソースコードに変更を加え、世界中のユーザと共有することができます。TB3 は ROS コミュニティで最も利用者の多い市販ロボットの一つで、Gazebo を利用したシミュレーション環境も整っています。ここでは、TB3 をシミュレータ環境で動かし、Rviz2 を使い TB3 のセンサ等を可視化してみます。シミュレータ環境で試したコマンドやプログラムはそのまま実機でも使用することができます。本書を読み終えた読書で実機ロボットの制御に興味のある方は是非 TB3 に挑戦してみて下さい。現時点で、一番簡単に ROS2 が試せる実機ロボットだと考えられます。

〔図 9-1〕Turtlebot3 シリーズ (ROBOTIS)

9－1　Turtlebot3 シミュレータのセットアップ

ROS2 環境における TB3 シミュレータのセットアップは開発元の株式会社ロボティズのウェブサイト（emanual.robotis.com）を参考にして下さい。本書で使う Docker イメージにはあらかじめ TB3 シミュレータの動作環境がセットアップされているので読者はすぐに TB3 のシミュレーションを体験することが可能です。

９－２　シミュレータの実行

TB3には小型のBurgerと大型のWaffleの二種類があります。ここでは、小型のBurgerを使用します。読者の中でWaffleを使いたい方は下記のように環境変数を変更すれば異なるロボットのシミュレーションが可能です。

本書標準のDockerイメージでの設定ではBurgerを使うようになっています。

```
root@0c37a59102a8:~# env |grep TURTLEBOT3_MODEL
TURTLEBOT3_MODEL=burger
```

大型のWaffleを使ってシミュレーションを実行したい場合は下記のように環境変数を変更してください。

```
root@0c37a59102a8:~# export TURTLEBOT3_MODEL = waffle
root@0c37a59102a8:~# env |grep TURTLEBOT3_MODEL
TURTLEBOT3_MODEL=waffle
```

WindowsOSのコマンドプロンプトからDockerイメージを起動します。Xmingを予め起動するのを忘れないで下さい。シミュレータを実行するには下記のように入力します。

```
root@0c37a59102a8:~# ros2 launch turtlebot3_gazebo turtlebot3_house.launch.py
[INFO] [launch]: All log files can be found below /root/.ros/log/2020-04-22-20-14-26-899922-b76fc68c26d9-6449
[INFO] [launch]: Default logging verbosity is set to INFO
urdf_file_name : turtlebot3_burger.urdf
[INFO] [gazebo-1]: process started with pid [6461]
[INFO] [robot_state_publisher-2]: process started with pid [6462]
[robot_state_publisher-2] Initialize urdf model from file: /root/ros2_ws/install/turtlebot3_description/share/turtlebot3_description/urdf/turtlebot3_burger.urdf
[robot_state_publisher-2] Parsing robot urdf xml string.
[robot_state_publisher-2] Link base_link had 5 children
```

```
[robot_state_publisher-2] Link caster_back_link had 0 children
[robot_state_publisher-2] Link imu_link had 0 children
(以下省略)
```

コマンドを入力してしばらくすると、簡単な壁に囲まれた部屋とTB3 Burgerが表示されるはずです（図9-2）。初めてシミュレータを起動する際には必要なファイルをGazeboのサーバからダウンロードするため時間がかかる場合があります。辛抱強くお待ちください。2回目の起動からは素早くシミュレータが立ち上がるはずです。

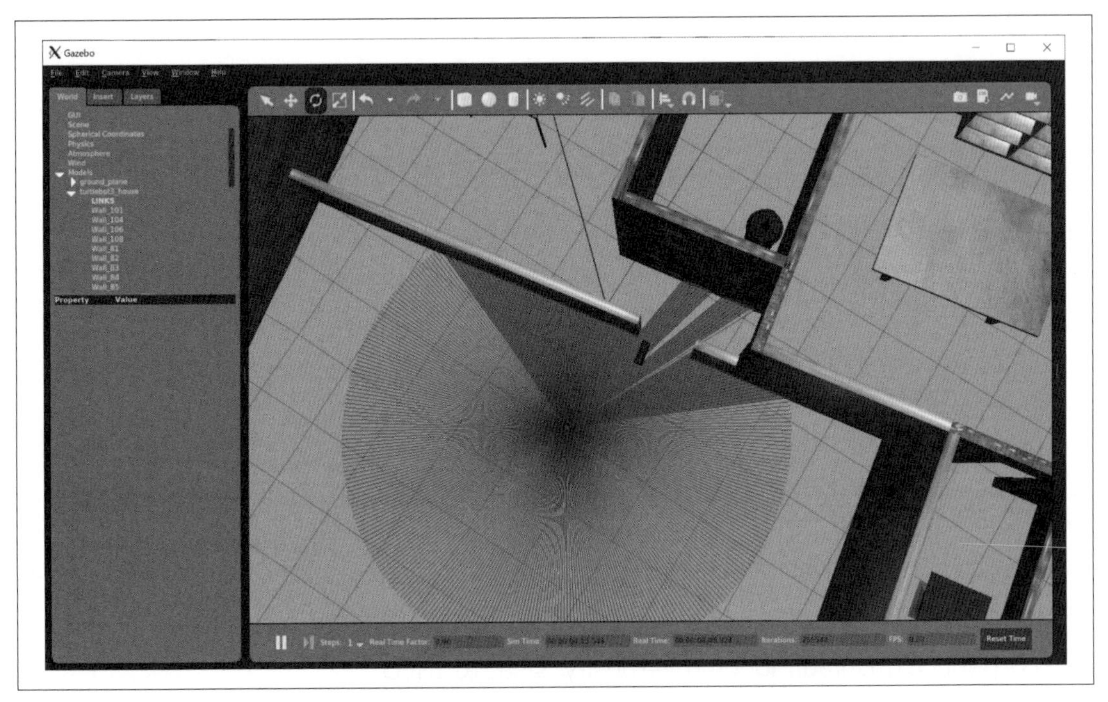

〔図9-2〕Turtlebot3 Burger シミュレータの起動

９－３　キーボードでTB3 Burgerを動かす

キーボードの操作でTB3 Burgerを動かしてみます。tmuxで分割したもう一方の端末に［Ctrl-b＋矢印］コマンドで移動し、キーボードでTB3 Burgerを動かすためのノードを起動します。

```
root@0c37a59102a8:~# ros2 run turtlebot3_teleop teleop_keyboard
Control Your TurtleBot3!
---------------------------
Moving around:
       w
  a    s    d
       x
w/x : increase/decrease linear velocity (Burger : ~ 0.22, Waffle and Waffle Pi : ~
0.26)
a/d : increase/decrease angular velocity (Burger : ~ 2.84, Waffle and Waffle Pi : ~
1.82)

space key, s : force stop
CTRL-C to quit
```

画面の表示に従ったキーを入力しTB3 Burgerを動かしてみて下さい。前進・後退はwとxのキー、aキーで左回転、dキーで右回転します。TB3 Burgerを止めるにはsキーあるいはスペースキーを入力します。キーを押し続けると速度がどんどん早くなるので注意して下さい。ここで使用しているシミュレータのGazeboは衝突等の物理演算を行っているのでロボットが壁にぶつかると現実と同じように跳ね返ったり、ロボットが横転したりします。操縦は慎重に行ってください。

9－4　地図をつくってみる

ROS2には便利なデバックシステムが用意されているのが特徴です。中でも可視化ツールのRviz2はカメラの画像や距離センサの値を視覚的に表示したり、地図上の自己位置を三次元的に表示するなど豊富なデバッグ機能を持っています。

ここでは、Googleが開発するオープンソースのSLAM（Simultaneous Localization and Mapping）パッケージであるCartographerによりレーザレンジファインダの距離データを使った2次元格子占有地図を作成してみます。

前節と同様にTB3 Burgerのシミュレータを立ち上げ、別の端末でキーボード操作用のノードを立ち上げます。

```
root@0c37a59102a8:~# ros2 launch turtlebot3_gazebo turtlebot3_house.launch.py
```

別のターミナルで

```
root@0c37a59102a8:~# ros2 run turtlebot3_teleop teleop_keyboard
```

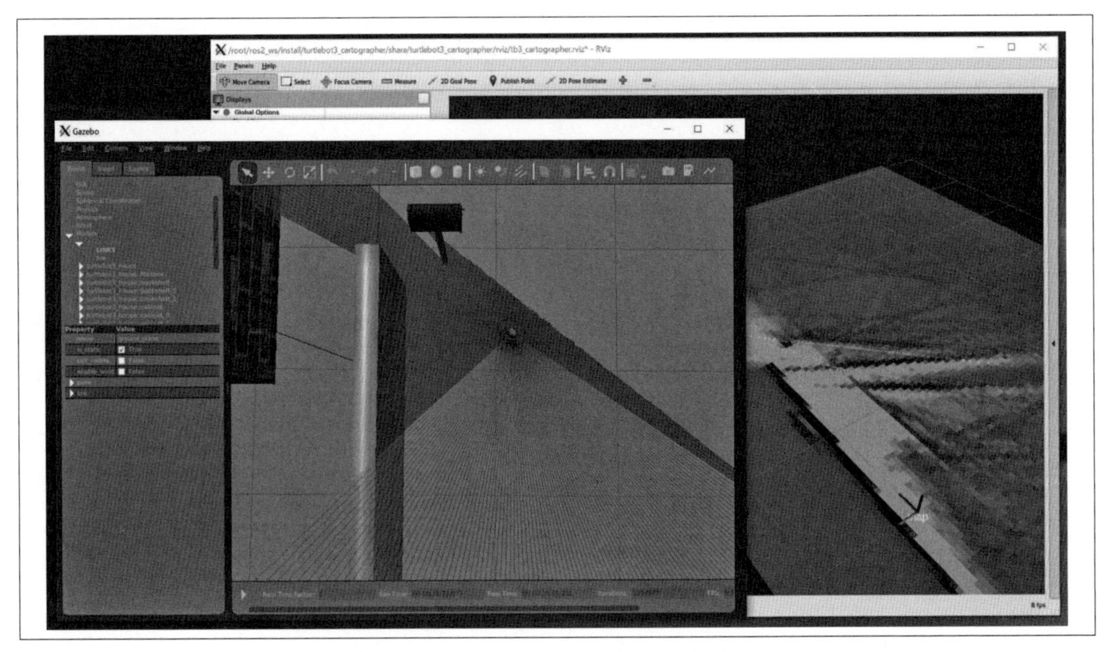

〔図9-3〕Cartographerによる地図作成

さらにもう一つ別のターミナルで下記のようにCartographerのノードを立ち上げます。

```
root@0c37a59102a8:~#ros2 launch turtlebot3_cartographer cartographer.launch.py
use_sim_time:=True
```

RViz2の画面が立ち上がり、ロボットの周囲にレーザレンジファインダのスキャン情報が緑色の点で表示されていると思います。この状態で、キーボードを使ってシミュレータ上のTB3 Burgerを動かしてみて下さい。TB3 Burgerの周囲から地図が出来ていくのがわかります。RViz2の画面上でグレースケールで地図は表現され、黒色が壁や家具などの物体が占有している場所、白色がロボットが自由に動ける空間を意味しています。

部屋の中を隈なく移動したら、下記のように入力し作成した地図を2Dmap.pgmと2Dmap.yamlというファイルに保存します。myProjectsは読者が使用中のホストコンピュータにリンクされているのでDockerコンテナを終了してもディレクトリの中身は消えません。本書を読みながら修正したり、新しく作成したファイルはmyProjects以下に保存することをお勧めします。

```
root@d87b5a62b9bf:~# ros2 run nav2_map_server map_saver -f ~/myProjects/2Dmap
[INFO] [map_saver]: Waiting for the map
[INFO] [map_saver]: Received a 291 X 208 map @ 0.050 m/pix
[INFO] [map_saver]: Writing map occupancy data to /root/myProjects/2Dmap.pgm
[INFO] [map_saver]: Writing map metadata to /root/myProjects/2Dmap.yaml
[INFO] [map_saver]: Map saved
Map saver succeeded
```

作成した地図はグレースケールの画像ファイルとして保存されているので下記のようにeogコマンドで表示して確認することができます。

```
root@9f7465dad26b:# eog ~/myProjects/2Dmap.pgm
```

図 9-4 のように、壁や机などの障害物が黒色、ロボットが自由に動けるフリースペースが白色で表現された地図が生成されています。シミュレータで使った家の配置（図 9-2）と比較してみて下さい。

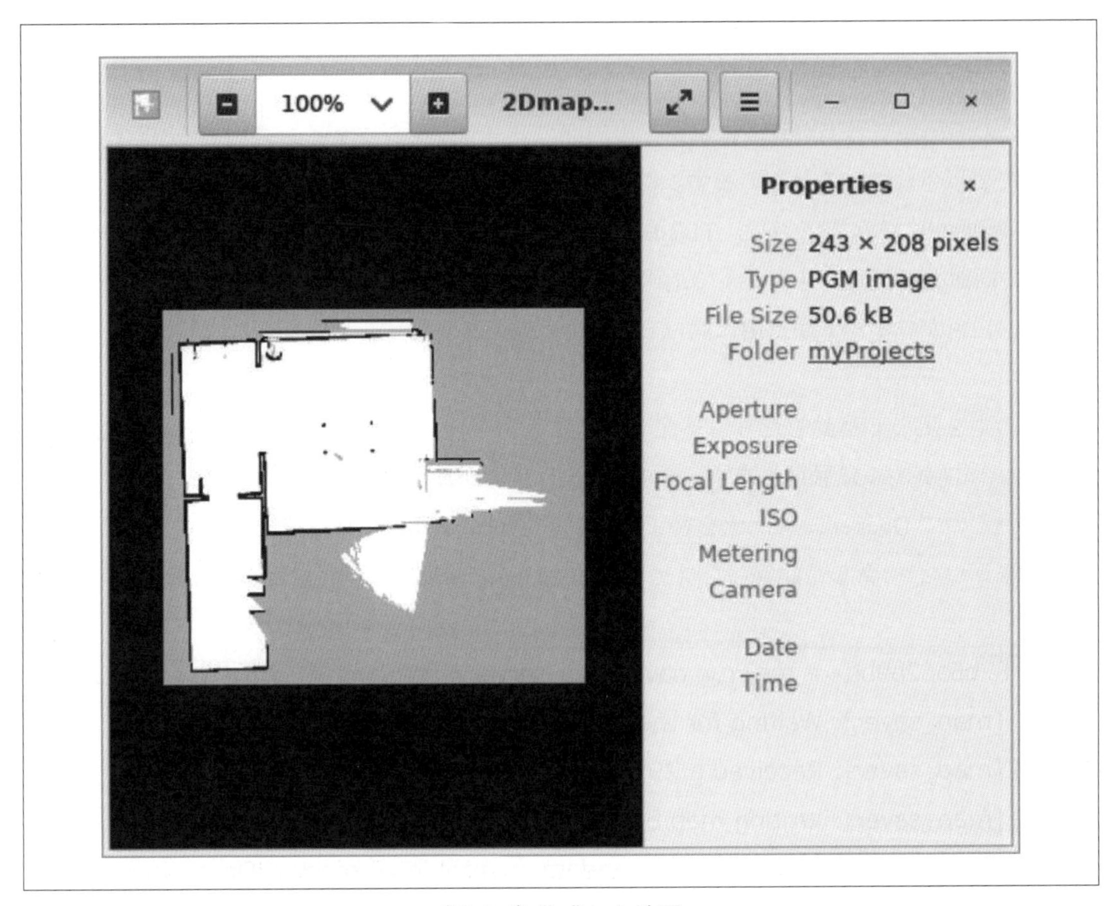

〔図 9-4〕作成した地図

９－５　Python プログラムで TB3 Burger を動かす

ここでは Gazebo シミュレータで動いている TB3 Burger を Python プログラムから動かしてみます。既に 8-2 章で学んだ Turtlesim シミュレータの２次元の亀を動かすプログラムとほぼ同じ手順なので、ここまで読み進めてきた読者には易しく理解できると思います。

９－５－１　プログラムの作成

Python プログラムは８章で作った、~/ros2_ws/src/myProjects/your_turtle_pkg/your_turtle_pkg フォルダの中に作成します。

ソースコード 9.1 に TB3 Burger を動かす Python プログラムを示します。以下ではプログラムの重要部分を抜粋して説明します。

ソースコード 9.1［TB3 Burger を動かす Python プログラム　moveTB3.py］

```
1 # -*- coding: utf-8 -*-
2 import rclpy
3 from rclpy.node import Node
4 from geometry_msgs.msg import Twist

5 class MoveTB3(Node):
6 def __init__(self):
7
```

/tb3_move という名のノードを作成します

```
8 super().__init__('tb3_move')
9
```

Twist 型のメッセージを配信する /cmd_vel というトピックを作成します

```
10 self.pub = self.create_publisher(Twist, '/cmd_vel', 10)
```

定期的に呼ばれるコールバック関数を定義します。定期的に呼ばれて TB3 Burger の速度を配信します。

```
11 self.tmr = self.create_timer(1.0, self.timer_callback)
```

定期的に呼ばれるコールバック関数を定義します。

```
12 def timer_callback(self):
13
14 msg = Twist()
15
```

並進方向の速度の x 成分を設定します

```
16 msg.linear.x= 0.5
17
```

回転方向の速度の z 成分を設定します

```
18 msg.angular.z= -0.1
19
```

メッセージを配信します

```
20 self.pub.publish(msg)
21
22 def main(args=None):
23rclpy.init(args=args)0
24 move=MoveTB3()
25 rclpy.spin(move)
26
27 if __name__ == '__main__':
28 main()
```

9－5－2　設定ファイルの編集

パッケージのビルドの前に設定ファイルの一つである /ros2_ws/src/myProjects/your_turtle_pkg/setup.py を編集します。ここではテキストエディタの nano で setup.py を編集します。

setup.py の 24 行目に「'mvTB3=my_turtle_pkg.moveTB3:main',」の一行を加えます（図 9-5 を参照)。

9－5－3　ビルド

colcon コマンドで下記のようにビルドしてください。

```
root@8922a23da21e:~# cd ~/ros2_ws/
root@8922a23da21e:~/ros2_ws# colcon build --packages-select your_turtle_pkg
Starting >>> your_turtle_pkg
Finished <<< your_turtle_pkg [0.78s]
Summary: 1 package finished [0.82s]
```

エラーがでなければビルドは正常に終了しています。ビルドが正常に終了したら忘れずに下

```
root@ddcdc5bbf448: ~
GNU nano 2.9.3                          setup.py

 1 from setuptools import setup
 2
 3 package_name = 'my_turtle_pkg'
 4
 5 setup(
 6     name=package_name,
 7     version='0.0.0',
 8     packages=[package_name],
 9     data_files=[
10         ('share/ament_index/resource_index/packages',
11             ['resource/' + package_name]),
12         ('share/' + package_name, ['package.xml', 'launch/myTurtlesim.launch.py']),
13     ],
14     install_requires=['setuptools'],
15     zip_safe=True,
16     maintainer='root',
17     maintainer_email='root@todo.todo',
18     description='TODO: Package description',
19     license='TODO: License declaration',
20     tests_require=['pytest'],
21     entry_points={
22         'console_scripts': [
23                 'move=my_turtle_pkg.moveTurtle:main',
24                 'spawn=my_turtle_pkg.spawnTurtle:main',
25                 'bg_color=my_turtle_pkg.bg_paramTurtle:main',
26                 'rotate=my_turtle_pkg.rotateTurtle:main',
27                 'mvTB3=my_turtle_pkg.moveTB3:main',
28         ],
29     },
30 )
31

^G Get Help    ^O Write Out   ^W Where Is    ^K Cut Text    ^J Justify     ^C Cur Pos
^X Exit        ^R Read File   ^\ Replace     ^U Uncut Text  ^T To Linter   ^_ Go To Line
```

〔図 9-5〕setup.py ファイルの編集（mvTB3）

記のコマンドを実行してください。

```
root@8922a23da21e:~# source ~/ros2_ws/install/setup.bash
```

9－5－4　実行

ビルドしたプログラムを実行してみます。初めに TB3 Burger シミュレータを起動します。

```
root@8922a23da21e:~# env |grep TURTLEBOT3_MODEL
TURTLEBOT3_MODEL=burger
root@8922a23da21e:~# ros2 launch turtlebot3_gazebo turtlebot3_house.launch.py
[INFO] [launch]: All log files can be found below /root/.ros/log/2020-04-22-20-14-
26-899922-b76fc68c26d9-6449
[INFO] [launch]: Default logging verbosity is set to INFO
urdf_file_name : turtlebot3_burger.urdf
[INFO] [gazebo-1]: process started with pid [6461]
[INFO] [robot_state_publisher-2]: process started with pid [6462]
[robot_state_publisher-2] Initialize urdf model from file: /root/ros2_ws/install/
turtlebot3_description/share/turtlebot3_description/urdf/turtlebot3_burger.urdf
[robot_state_publisher-2] Parsing robot urdf xml string.
[robot_state_publisher-2] Link base_link had 5 children
[robot_state_publisher-2] Link caster_back_link had 0 children
[robot_state_publisher-2] Link imu_link had 0 children
(以下省略)
```

しばらく時間を置き、シミュレータが正しく起動しているのを確認したら、別の端末から下記のように TB3 Burger を動かすプログラムを実行します。

```
root@8922a23da21e:~# ros2 run your_turtle_pkg mvTB3
```

図 9-6 に示すように、シミュレータ上の TB3 Burger が円を描いて移動します。与える速度

を変えてみて TB3 Burger の軌跡がどうなるかを試してみて下さい。

本書では TB3 Burger を Gazebo シミュレータ上で動かす例を紹介しました。ROS の特徴の一つとしてシミュレータで試したプログラムやコマンドを容易に実機に応用できるという点があります。ここまで本書を読み進めた読者の皆さんは次のステップとしてぜひ、実機ロボットの制御に挑戦して下さい。TB3 Burger は開発元の Web ショップからも簡単に購入することができます。実機ロボットを動かす際にも本書で学んだ ROS2 の知識が活用できるはずです。

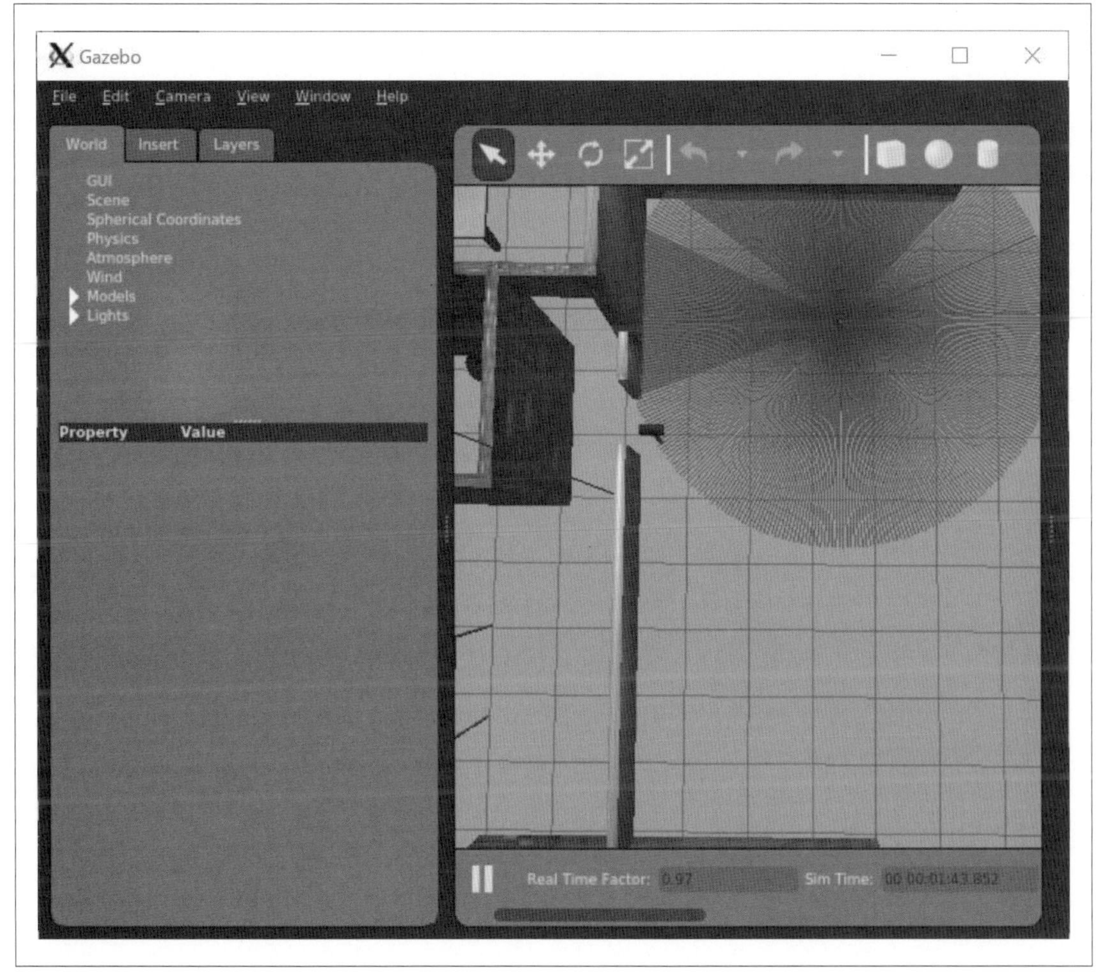

〔図 9-6〕Python プログラムから TB3 Burger を動かす

おわりに

著者が初めてROSに触れてから10年以上が経とうとしています。当初はロボットを実際に動かしているごく一部の研究者が使っていたROSも今では、全世界に一万人の開発者と10万人を越えるユーザがいるとされる一大コミュニティに成長しています。近年、ソフトウェア開発の世界において幅広い分野で注目されているオープンソースソフトウェア（Open Source Software）の流れもROSコミュニティから始まったと言って過言ではありません。本書で学ぶROS2はこのような流れをさらに加速させ、これまでの大学や研究機関だけでなく企業が商業ベースで使用したり、大学の授業で教育を目的に使われたりと幅広い分野で普及が進む重要な技術だと考えられます。

ROSは単なるロボットのプログラミング環境を提供する便利なソフトウェアシステムの枠を越え、「ROSコミュニティ」と言われる開発者とユーザが一体となったエコシステムを作っていることが大きな特徴でもあります。本書で初めてROSに触れる読者も多いと思います。是非、本書を利用して「ROSコミュニティ」の一員としてROSを含めたロボット開発コミュニティに積極的に参加してください。ROSコミュニティでは利用者も開発者の一人だということを忘れないで下さい。

索引

索引

■ 著者紹介 ■

岡田 浩之（おかだ ひろゆき）

■所属：玉川大学工学部情報通信工学科・教授

■経歴：東京農工大学大学院生物システム応用科学研究科博士後期課程修了。博士（工学）㈱富士通研究所、東海大学理学部助教授を経て、2006 年より玉川大学教授。

■専門：認知発達ロボティクス、人工知能

■所属学会：認知科学会、人工知能学会、ロボット学会、赤ちゃん学会

人の認知プロセスの発達原理を解明することを目的として、幼児やロボットを使った認知発達ロボティクス研究に取り組んでいます。乳児の言語獲得からロボットの音声認識システムまで、幅広いテーマに興味があります。乳児の発達研究とロボティクスのような一見無関係な分野をつなぎ、柔軟なインテリジェンスの枠組みを理解し創造することを目指しています。また、ロボカップ@ホームへの参加などを通して、開発したアルゴリズムの実証実験を行なっています。ロボカップ世界大会 @ ホームリーグでは２度の世界チャンピオンを獲得しました。

●ISBN 978-4-904774-84-7

九州工業大学　安部 征哉
オムロン㈱　財津 俊行・上松 武　著

設計技術シリーズ

デジタル電源の基礎と設計法

―スイッチング電源のデジタル制御―

本体 4,000 円＋税

発行／科学情報出版（株）

●ISBN 978-4-904774-83-0
茨城大学　鶫野 将年　著

設計技術シリーズ

パワーエレクトロニクスにおける
コンバータの基礎と設計法
―小型化・高効率化の実現―

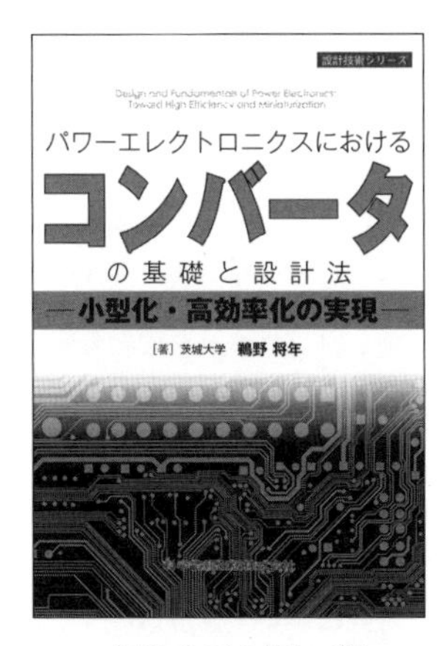

本体 3,200 円＋税

発行／科学情報出版（株）

●ISBN 978-4-904774-82-3　大阪府立大学　森本 茂雄／井上 征則　著

設計技術シリーズ

省エネモータドライブシステムの基礎と設計法

本体 4,200 円＋税

1．モータドライブシステムの基本構成
1－1　はじめに
1－2　モータドライブシステムの全体構成
1－3　ドライブシステムの構成要素と本書との対応

2．PMSM・SynRMの基礎
2－1　はじめに
2－2　基本構造と特徴
2－3　トルク発生原理

3．PMSM・SynRMの数学モデル
3－1　はじめに
3－2　座標変換
3－3　静止座標系のモデル
3－4　回転座標系のモデル
3－5　制御対象としての基本モータモデル
3－6　実際のモータモデル

4．電流ベクトル制御法
4－1　はじめに
4－2　電流ベクトル平面上の特性曲線
4－3　電流位相と諸特性
4－4　各種電流ベクトル制御法
4－5　電流・電圧の制限を考慮した制御法
4－6　電流ベクトル制御システム
4－7　モータパラメータ変動の影響

5．センサレス制御
5－1　はじめに
5－2　センサレス制御の概要
5－3　誘起電圧に基づくセンサレス制御
5－4　突極性に基づくセンサレス制御
5－5　高周波印加方式と拡張誘起電圧推定方式による全速度域センサレス制御

6．直接トルク制御
6－1　はじめに
6－2　トルクと磁束を制御する原理
6－3　基本特性曲線
6－4　トルクと磁束の指令値
6－5　DTCの構成

7．インバータとセンサ
7－1　はじめに
7－2　電圧形インバータの基本構成と基本動作
7－3　デッドタイムの影響と補償
7－4　モータドライブに用いるセンサ

8．デジタル制御システムの設計法
8－1　はじめに
8－2　デジタル制御システムの基本構成
8－3　制御システムのデジタル化
8－4　デジタル化の注意点

9．モータ試験システムと特性測定方法
9－1　はじめに
9－2　実験システムの構成
9－3　初期設定（実験準備）
9－4　基本特性の測定
9－5　損失分離

発行／科学情報出版（株）

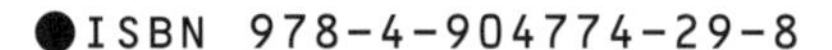

●ISBN 978-4-904774-29-8

東北大学名誉教授　髙木 相　監修

設計技術シリーズ

EMC原理と技術

ー製品設計とノイズ／EMCへの知見

本体 3,600 円＋税

序文

I. 総論

I-1　測定の科学と EMI/EMC
EMI/EMC
1. 測定は科学の基礎／ 2. 測定標準／ 3.EMI/EMC 測定量／ 4.EMI/EMC 測定の特殊性／ 5.EMI/EMC の標準測定の問題／ 6. おわりに

II. 線路

II-1　電磁気と回路と EMC －コモン・モード電流の発生－
1. はじめに／ 2. 信号の伝送／ 3. コモン・モード伝送／ 4. 大地上の結合線路／ 5. 結合 2 本線路／ 6. 各種の給電方法とモード電圧／ 7. 結び

II-2　線路と EMI/EMC（I）線路と電磁界
1. 線路が作る電磁界／ 2. 結合 2 本線路

II-3　線路と EMI/EMC（II）中波放送波の線路への電磁界結合を例に
1. はじめに／ 2. 誘導電圧の計算方法／ 3. 計算値と測定値の比較／ 4. 計算結果から推定される誘導機構の特徴／ 5. 誘導電圧推定のための実験式／ 6. 誘導電圧特性の把握による伝導ノイズ印加試験方法への反映

II-4　線路と EMI/EMC（III）線路と雷サージ　雷放電によるケーブルへの誘導機構とその特性
1. まえがき／ 2. 雷放電による障害／ 3. 雷サージを考えるための基礎的事項／ 4. 誘導雷サージの計算方法／ 5. むすび

III. プリント配線板

III-1　プリント配線板の電気的特性の測定
1. プリント配線板／ 2. プリント配線板の伝送特性の簡易測定／ 3. 反射およびにクロストークの測定とシミュレーションとの比較／ 4. おわりに

III-2　プリント配線板と EMC
1. はじめに／ 2. プリント回路基板の機能設計と EMC 設計／ 3. 信号系の EMC 設計：コモンモードの発生の制御／ 4. バイパスとデカップリング／ 5. 多層 PCB の電源・GND 系の設計／ 6. まとめ

IV. 放電（電気接点と静電気）

IV-1　誘導性負荷接点回路の放電波形
1. はじめに／ 2. 接点間隔と放電の条件／ 3. 接点間放電ノイズ発生の基本原理と波形／ 4. 接点表面形状の変化および接点の動作速度と放電波形の関係／ 5. おわりに

IV-2　電気接点放電からの放射電磁波
1. まえがき／ 2. 回路電流と放電モードとの関係／ 3. 放射雑音／ 4. 誘導雑音／ 5. むすび

IV-3　電気接点の放電周波数スペクトル
1. まえがき／ 2. スイッチ開離時／ 3. スイッチ閉成時／ 4. まとめ

IV-4　電気接点の放電ノイズと接点表面
1. はじめに／ 2. 電気接点開離時のアーク放電による電磁ノイズと電極表面変化／ 3. 散発的バーストノイズと電気接点表面変化との関連性／ 4. 散発的バーストノイズ発生の抑制／ 5. まとめ

IV-5　電気接点アーク放電ノイズと複合ノイズ発生器
1. まえがき／ 2. 電気接点開離時のアーク放電と誘電ノイズ／ 3. 誘導雑音の定量的な計測の方法／ 4. 開離時アーク放電中のノイズの統計的性質の計測例／ 5. ノイズ波形のシミュレータ（CNG）とその応用／ 6. あとがき

IV-6　静電気放電の発生電磁界とそれが引き起こす特異現象
1. はじめに／ 2.ESD 現象を捉える／ 3. 界の特異性を調べる／ 4. 界レベルを予測する／ 5. おわりに

V. 電波

V-1　電波の放射メカニズム
1. まえがき／ 2. 電波の放射源／ 3. 等価定理／ 4. 放射しやすい条件／ 5. むすび

V-2　アンテナ係数と EMI 測定
1. 電磁界測定におけるアンテナの特性／ 2. アンテナ特性の測定法／ 3.EMI 測定とアンテナの特性

V-3　EMI 測定と測定サイトの特性評価法
1. 電磁妨害波の測定法／ 2. 伝導妨害波の測定法と測定環境／ 3. 放射妨害波の測定法と測定サイト（30MHz-1000MHz）／ 4.1GHz-18GHz 用測定サイトの特性評価法

V-4　低周波からミリ波までの電磁遮蔽技術
1. はじめに／ 2. 電磁遮蔽材の種類と特性／ 3. 遮蔽材の使用に関する 2、3 の注意点／ 4. 遮蔽材、遮蔽手法の紹介／ 5. おわりに

V-5　電磁界分布の測定
1. 序
2. 強度分布
3. 瞬時分布
4. むすび

V-6　電波散乱・吸収と EMI/EMC
電波吸収材とその設計と測定（I）
1. はじめに／ 2. 概要／ 3. 設計法／ 4. 評価法／ 5. 各種電波吸収体／ 6. おわりに
電波吸収材とその設計と測定（II）－磁性電波吸収体－
1. はじめに／ 2. 電波吸収体の分類／ 3. 磁性電波吸収体の構成原理／ 4. フェライトの複素透磁率／ 5. 整合条件／ 6. 電波吸収体としてのフェライト
電波無響室と EMI/EMC
1. まえがき／ 2. 今までの電波吸収体／ 3. 発砲フェライト電波吸収体／ 4. ピラミッドフェライト電波吸収体とそれを用いた電波無響室の特性／ 5. ピラミッドフェライト電波吸収体を用い既設簡易電波無響室のリフォーム

VI. 生体と EMC

VI-1　生体と電波
1. まえがき／ 2. 電磁波のバイオエフェクト／ 3. 電波の発熱作用と安全基準／ 4. 携帯電話に対するドシメトリ／ 5. むすび

VI-2　ハイパーサーミア
1. まえがき
2. 温熱療法の作用機序
3. 加熱原理と主なアプリケータ
4. 温度計測法
5. むすび

VI-3　高周波電磁界の生体安全性研究の最新動向（I）疫学研究
1. はじめに／ 2. インターフォン研究／ 3. 聴神経腫に関する研究／ 4. 脳腫瘍（神経膠腫、髄膜種）に関する研究／ 5. 曝露評価／ 6. 選択バイアス／ 7. インターフォン研究以外の研究／ 8. むすび

VI-4　高周波電磁界の生体安全性研究の最新動向（II）実験研究
1. はじめに／ 2. ボランティア被験者による研究／ 3. 動物実験／ 4. 細胞実験／ 5. むすび

発行／科学情報出版（株）

エンジニア入門シリーズ
ロボットプログラミングROS2入門

2020年9月16日　初版発行

著　者　　岡田　浩之

発行者　　松塚　晃医
発行所　　科学情報出版株式会社
〒300-2622　茨城県つくば市要443-14 研究学園
電話　029-877-0022
http://www.it-book.co.jp/

ISBN 978-4-904774-90-8　C3055